ATLAS DE

PLANTAS MORTALES

PARA  KASH

ATLAS DE

PLANTAS MORTALES

Historias botánicas de los especímenes más
embriagadores, venenosos y peligrosos del mundo

JANE PERRONE
Prólogo de Sarah E. Edwards

Librero

ÍNDICE

PRÓLOGO

«Dentro del tierno cáliz de esta flor residen el veneno y la salud».
(*Romeo y Julieta*, Acto II, Escena III)

Las palabras de William Shakespeare condensan la dualidad implícita de muchas sustancias derivadas de plantas, que pueden ser tanto venenos mortales como medicamentos prodigiosos, todo depende de la dosis. Esta paradoja pone de manifiesto una gran verdad del mundo natural: los mismos compuestos químicos que protegen a las plantas de las amenazas también pueden influir extraordinariamente en la biología humana.

Las plantas han desarrollado sustancias tóxicas como sofisticadas estrategias de supervivencia, complejamente adaptadas a sus nichos ecológicos específicos. Estos compuestos, conocidos como metabolitos secundarios, no están directamente relacionados con el crecimiento o la reproducción, sino que, a menudo, funcionan como potentes mecanismos de defensa contra herbívoros hambrientos y patógenos nocivos. Otros metabolitos secundarios proporcionan a las plantas una ventaja competitiva respecto a las especies vecinas mediante un proceso conocido como alelopatía. Al liberar estos compuestos en el suelo, las plantas pueden inhibir el crecimiento de otras, lo que reduce de manera efectiva la competencia. El perejil gigante (véase p. 232) es un ejemplo sorprendente de esta estrategia, lo que ha permitido a esta especie invasora proliferar con éxito en muchas regiones. Su mala reputación incluso inspiró al grupo de rock progresivo Genesis a componer una canción titulada *The Return of the Giant Hogweed* («El regreso del perejil gigante»). La planta también es conocida porque produce una savia tóxica que puede provocar irritaciones cutáneas graves y fotosensibilidad, por lo que al impacto en el medio ambiente hay que sumar los problemas de salud pública que ocasiona.

En todas las culturas, y a lo largo de la historia, la humanidad ha aprovechado las propiedades tóxicas de las plantas y los hongos para fines diversos, unos nefarios, y otros medicinales, espirituales o rituales. Lamentablemente, la identificación errónea o la falta de conocimiento sobre estas sustancias también han provocado envenenamientos fortuitos que, a veces, han ocasionado la muerte.

Hace unos 20 años, cuando trabajaba en mi tesis doctoral sobre etnobotánica medicinal, compartía despacho en el centro de botánica económica de los jardines de Kew. Algunos de mis colegas eran toxicólogos especializados en botánica de la unidad de toxicología del Hospital Guy's and St. Thomas de Londres que colaboraban en iniciativas conjuntas con Kew. En una de las estanterías del despacho había un tarro de cristal con un espécimen preservado de raíces de cicuta (véase p. 178) suspendido en un fluido, un vestigio escalofriante de un trágico suceso. La historia de aquel tarro era admonitoria e inquietante a la vez: alguien había confundido las raíces de cicuta con zanahorias silvestres (*Daucus carota*) y las había consumido. Ambas plantas pertenecen a la familia de las apiáceas (umbelíferas) y tienen rasgos similares que pueden confundir al ojo inexperto. Alexander Pope ya advirtió con acierto que

Ilustración del siglo XIX que representa la muerte de Sócrates (centro), rodeada de ilustraciones de plantas tóxicas y medicinales, así como de la preparación de estas (centro izquierda y derecha).

7

«aprender un poco es algo peligroso», y esta historia ilustra hasta qué punto esta falta de conocimientos puede tener resultados funestos.

La antigua Grecia era tristemente célebre por ejecutar a delincuentes y disidentes políticos con cicuta. Según cuenta Platón en Fedón, el filósofo Sócrates fue condenado a muerte en el 399 a. e. c. por los presuntos delitos de corrupción de la juventud de Atenas e impiedad (desprecio por los dioses de la ciudad). Le dieron a beber cicuta, y Platón describió con todo lujo de detalles los efectos progresivos y fatales del veneno en el cuerpo de su maestro.

Pero la cicuta no es la única ponzoña vegetal utilizada contra adversarios políticos. En la Italia del siglo XX, al parecer las brigadas fascistas de Benito Mussolini utilizaban el aceite de ricino (véase p. 194) como arma de represión. Obligaban a los disidentes a consumir grandes cantidades de esta sustancia, que les provocaba diarreas intensas y vejatorias. En algunos casos, las víctimas sucumbían a la deshidratación, exacerbada por las palizas que les propinaban sus captores. Esta táctica brutal era tanto un método de castigo como una espantosa demostración de poder.

No es de extrañar que los dictadores fascistas hayan recurrido a sustancias tóxicas para perjudicar a sus oponentes. Aun así, estos venenos también han llegado al ámbito más personal. Los amantes despechados, por ejemplo, han utilizado plantas y hongos venenosos para cobrarse venganzas mortales. En un caso infame, conocido como el «asesinato

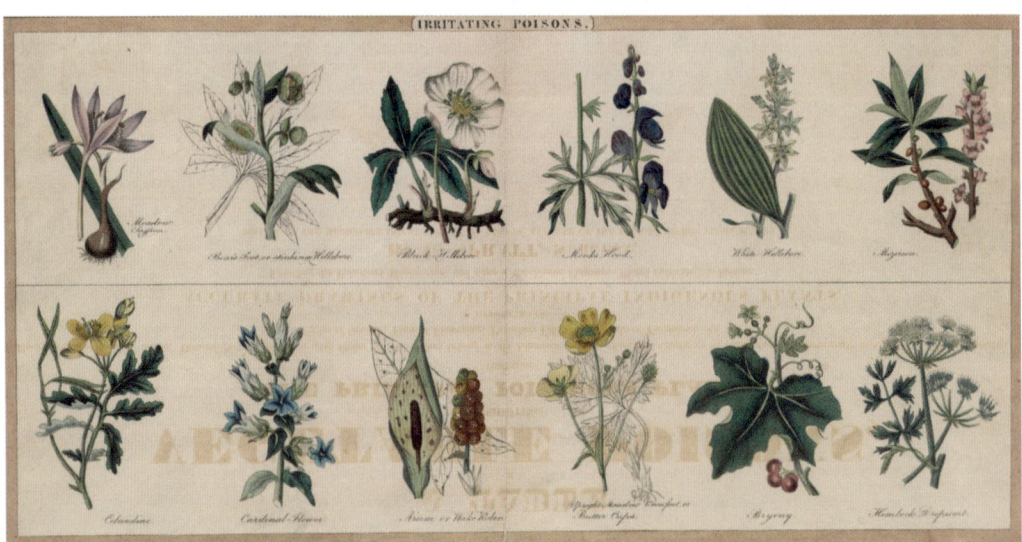

Ilustración de G. Spratt de plantas clasificadas como venenos irritantes, de 1843.

8

del curri», se utilizó acónito indio (*Aconitum ferox*, véase p. 90), la planta más venenosa de la región del Himalaya. Los expertos de los jardines botánicos de Kew fueron clave para identificar los restos de acónito en el bolsillo de la chaqueta de la culpable, una prueba que incriminó a Lakhvir Singh, que fue condenada en el tribunal de Old Bailey en 2010.

Pero no todas las plantas venenosas se utilizan para hacer el mal. Antiguamente, en Europa, varias especies de la familia de las solanáceas, como la belladona, el beleño negro y la mandrágora (véanse págs. 106, 136 y 140), eran muy apreciadas por sus propiedades anestésicas. Los efectos analgésicos de estas plantas se atribuyen a los acaloides tropánicos, unos potentes compuestos que actúan de manera significativa en el sistema nervioso. Sin embargo, su toxicidad es igualmente notable, puesto que una sobredosis puede causar alucinaciones, insuficiencia respiratoria e incluso la muerte. Al parecer, estas plantas psicoactivas eran unos de los ingredientes principales de los ungüentos voladores de las brujas, que se administraban para inducir visiones escabrosas. Hoy día, la atropina, un alcaloide tropánico derivado de estas plantas, se utiliza para tratar determinadas intoxicaciones por pesticidas y gases nerviosos, así como para dilatar temporalmente las pupilas en cirugías oculares.

El trompetero (véase p. 26), que también contiene un alcaloide tropánico, se utilizaba en la Colombia precolombina con fines ceremoniales y macabros. Según una crónica de principios del siglo XIX del naturalista alemán Alexander von Humboldt, los sacerdotes del templo del Sol de Sogamoso consumían una bebida elaborada con esta planta. En otro uso más siniestro, se combinaba con chicha (bebida fermentada de maíz) e infusiones de tabaco para inducir un estado de trance en los esclavos y las viudas de los difuntos jefes chibcha, que después se enterraban vivos con sus amos y maridos, respectivamente.

Las plantas venenosas han hecho volar la imaginación humana desde tiempos inmemoriales, y han estado presentes en la literatura, la mitología y la cultura popular como poderosos símbolos de la vida, la muerte y el precario equilibrio entre ambas. Este libro ilustrado con preciosas imágenes ofrece un recorrido por las historias y las aplicaciones de algunas de las plantas y los hongos más interesantes del mundo, además de revelar la historia sociocultural que tienen detrás y sus efectos en el cuerpo humano. Adéntrese en el fascinante (y peligroso) mundo de estas plantas, un testimonio viviente del poder y la complejidad del mundo natural.

Sarah E. Edwards, etnobotánica y miembro de la Linnean Society de Londres
Oxford, enero de 2025

INTRODUCCIÓN DE LA AUTORA

Uno de mis primeros recuerdos de niña es de mí en medio de un sendero, hecha un mar de lágrimas y preguntándome si me iba a morir. Había salido a jugar y, cuando quise volver a casa, me di cuenta de que me había perdido. Era a finales de verano en Inglaterra, y el camino que unía dos calles de las afueras era un dosel verde formado por las copas de los árboles de los jardines colindantes. Me comí unas bayas muy pequeñas y relucientes que colgaban tentadoramente sobre mi cabeza, pero, segundos después, pensé que no tenía la más remota idea de lo que eran o si eran venenosas y podían matarme. Una amable señora que pasaba por allí me preguntó qué me pasaba y yo señalé los frutos que me acababa de comer. Me aseguró que eran bayas de saúco y que eran inofensivas, y me indicó el camino de vuelta a casa.

Se equivocó con los frutos. Aunque las bayas de saúco (del saúco común, *Sambucus nigra*) no son letales como la belladona o la dedalera, contienen compuestos químicos llamados glucósidos cianogénicos que nuestros intestinos transforman en cianuro de hidrógeno. Unas cuantas provocan náuseas y, en grandes cantidades, pueden llevarte a urgencias. Me sentí bien de camino a casa: al fin y al cabo, solo me había comido unas pocas. Desde entonces he tomado muchas veces bayas de saúco, pero siempre las cocino antes para que sea seguro consumirlas.

Había olvidado este incidente hasta años después, cuando investigaba la composición química de las bayas de saúco para un artículo en el que trabajaba. Me acordé de los dos aspectos clave que había que tener en cuenta para saber si una planta es venenosa o no, sobre todo si piensas comértela. El primero es la máxima de Paracelso, «la dosis hace el veneno». Puede que no haya oído hablar de Paracelso, un

11

DEADLY NIGHTSHADE or DWALE. (DEADLY DWALE.) BLACK-CHERRY NIGHTSHADE. (Atropa Belladonna.)   FLY BLOWN MUSHROOM FLY AMANITA. (Agaricus Muscarius or Amanita Muscaria.)   STRONG-SCENTED or POISONOUS LETTUCE. (Lactuca Virosa.)

Ilustración de plantas venenosas comunes: de izquierda a derecha, belladona, matamoscas y lechuga silvestre.

físico suizo del siglo XVI, pero de adulto se entienden perfectamente las implicaciones prácticas de sus palabras. ¿Le duele la cabeza? Podría tomarse un par de analgésicos, pero sabe que si se toma 50 el dolor no mejorará 50 veces, sino que irá a parar al hospital. Lo mismo sucede con las plantas, por eso siempre es mejor comer pequeñas cantidades de los alimentos nuevos antes de incluirlos en la dieta habitual.

El segundo aspecto es que nunca hay que confiar en los conocimientos de otras personas a la hora de identificar una especie que no conocemos. El viejo chiste del recolector de plantas de que todo es comestible una vez no hace ninguna gracia cuando empiezas a sentirte mal minutos después de comerte una ensalada que pensabas que llevaba hojas de ajo silvestre. (Una de las cosas más importantes que he aprendido a raíz del trabajo de investigación y redacción de este libro es que muchísimos casos de envenenamiento empiezan cuando alguien confunde una planta, cualquiera, con ajo silvestre). Los envenenamientos por plantas que aparecen en el cine y la televisión son rápidos: en cuanto el trago o el bocado mortales entran en contacto con los labios de la víctima, esta se retuerce en el suelo y poco después está tiesa. Sin embargo, la cruda realidad es que la mayoría de las plantas venenosas tardan horas o días en hacer efecto, y los primeros síntomas suelen confundirse con otras causas, como una intoxicación alimentaria.

Ahora que le he metido el miedo en el cuerpo, permítame decirle que solo un 5 % de los casos de envenenamiento humano notificados a los centros de toxicología de Norteamérica y Europa están relacionados con plantas. En el mundo actual, interactuamos mucho menos con las plantas que nuestros antepasados. Y los niños, que suelen ser la mayoría de los pacientes que acuden al hospital por envenenamiento, pasan mucho menos tiempo jugando fuera de casa sin la supervisión de los adultos que antes (no como en las décadas de 1970 y 1980, cuando me dio por probar bayas de enebro crudas). Actualmente, es mucho más probable que nos intoxiquemos con productos químicos domésticos, gases (como el monóxido de carbono) y drogas, sean legales o no, que con plantas.

Espero que esto no le desanime a aprender más sobre las plantas, tanto si son venenosas como si no, porque, cuanto más se sabe de una especie, más fascinante resulta. Desde los embaucadores medievales que vendían raíces de nueza hasta los soldados romanos abatidos por la miel envenenada con rododendro, las plantas venenosas de este libro le sorprenderán, le fascinarán y le horrorizarán a partes iguales. Podrían escribirse (y, de hecho, se han escrito) libros enteros sobre algunas de las especies de estas páginas, pero espero que este libro, como todos los buenos atlas, le sirva de inspiración para planificar su próxima incursión en los mundos fascinantes del reino vegetal.

ADVERTENCIA

Los datos sobre las especies vegetales y los medicamentos obtenidos con plantas de este libro tienen una finalidad meramente informativa. Este no debe utilizarse como una guía para identificar con exactitud las especies en el entorno natural ni reemplazar el asesoramiento o tratamiento médicos profesionales. No dude en consultar con un profesional de la salud cualificado si requiere un diagnóstico o atención médica, así como antes de utilizar remedios naturales.

OCÉANO
ATLÁNTICO
NORTE

OCÉANO
PACÍFICO
SUR

OCÉANO
ATLÁNTICO
SUR

OCÉANO
ÍNDICO

AMÉRICA

EUROPA

ÁFRICA

ASIA Y AUSTRALASIA

AMÉRICA

Ambos subcontinentes, Norteamérica y Sudamérica, albergan dos de las plantas con más relevancia económica y cultural de la historia: la coca y el tabaco (véanse págs. 56 y 72, respectivamente). Asimismo, comprenden varios países calificados como megadiversos por su gran biodiversidad de especies vegetales y animales, incluidos Brasil y México.

OJOS DE MUÑECA

Nombre en latín	Familia	Nativa de
Actaea pachypoda	*Ranunculáceas*	*Norteamérica*

Si consulta una lista de plantas escalofriantes cualquiera para Halloween, seguro que aparece esta. Es una de las pocas de este libro con un aspecto casi tan inquietante como sus efectos en el cuerpo humano. Según Em Grebner-Gaddis, la presentadora del pódcast de plantas Rooted, sus bayas son de las más repulsivas que haya visto jamás. Razón no le falta. También conocida como baya blanca venenosa, es una planta silvestre de los bosques de la parte oriental de Norteamérica, desde Canadá hasta Florida. Al principio parece inofensiva, con el frondoso follaje verde claro que brota en primavera seguido de etéreas flores blancas. En verano y otoño, son las bayas las que llaman la atención por su parecido con un redondel de porcelana con un punto negro en el extremo, como si fuera una pupila.

Como escribió en 1902 la naturalista Frances Theodora Parsons (con el seudónimo Señora William Starr Dana) en su libro de las flores silvestres de Estados Unidos, las bayas «son asombrosamente parecidas a los ojos de porcelana que a veces las niñas arrancan de las cabezas de sus muñecas». La mancha la crea el estigma, el punto donde se acumula el polen de las flores, que se mantiene hasta la fase de la baya y le da un aspecto de globo ocular. Por si fuera poco, cada «ojo» va unido a un grueso tallo rojo vivo llamado pedúnculo y, en grupo, parecen un montón de globos oculares que brotan de sus propios tallos. Las bayas se conservan hasta la última helada y, después, la planta muere para el invierno. Parte de los frutos se los comen los pájaros, como el zorzal robín, que ayuda a diseminar las semillas.

Pese a su aspecto, o, precisamente, gracias a él, esta especie suele recomendarse como planta herbácea de sombra para jardines y se vende en viveros de Norteamérica, donde crece en estado silvestre, así

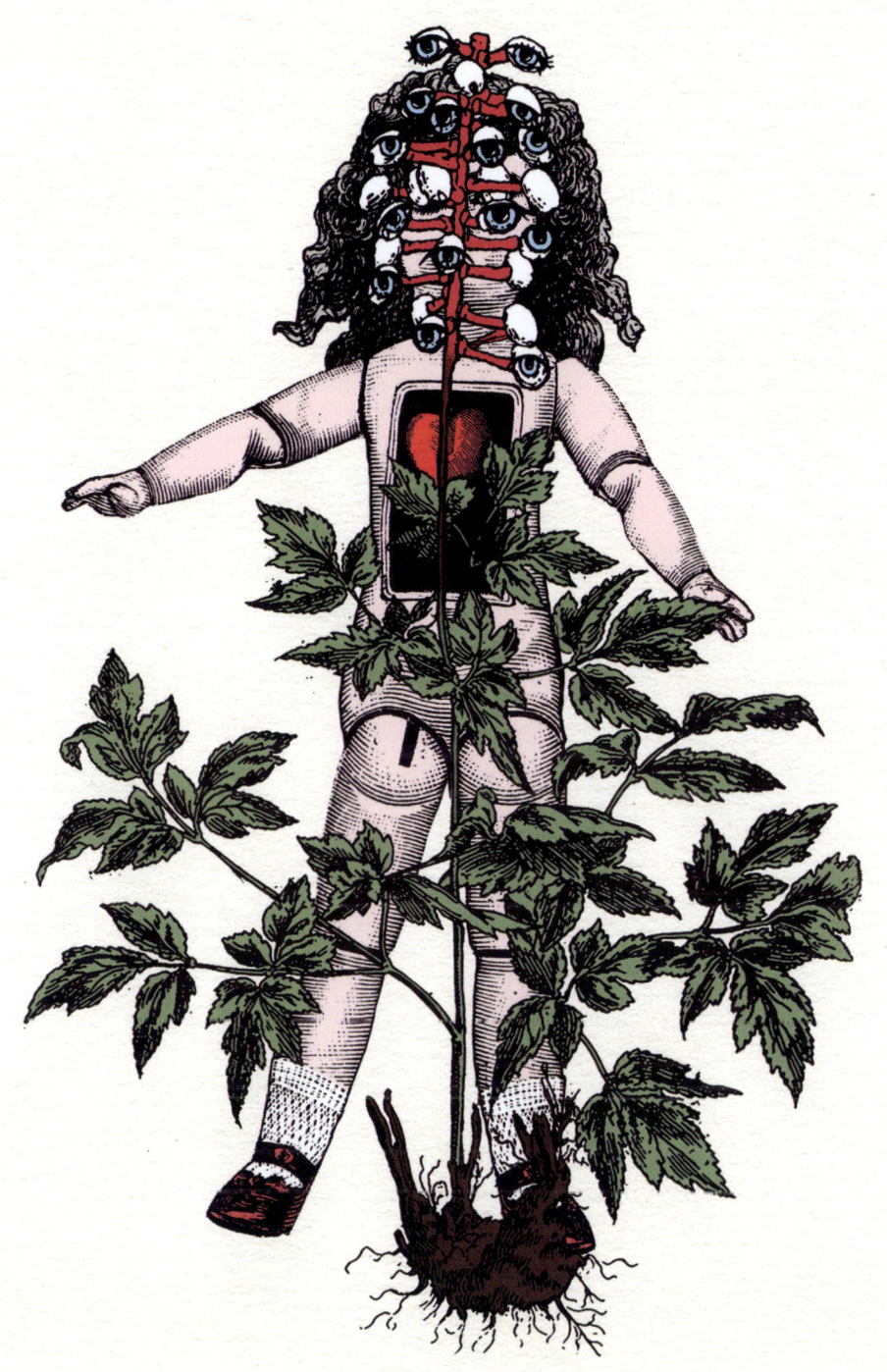

como de Europa. Los seleccionadores incluso han ideado cultivares interesantes, como 'Silver Leaf' y el más compacto 'Misty Blue'. Todas sus partes son venenosas, pero es probable que sean las llamativas bayas lo que llame la atención de los niños que buscan algo que llevarse a la boca.

Por eso sorprende que haya tan poca constancia de casos de envenenamiento. Uno es el de la botánica estadounidense Alice E. Bacon, que decidió probar la toxicidad de la baya roja venenosa (*Actaea rubra*) para ver si esta especie hermana de la ojos de muñeca era igual de tóxica. En marzo de 1903, Bacon escribió en *Rhodora*, la revista del club de botánica de Nueva Inglaterra, que había ingerido una pequeña dosis de las bayas y confirmó que «el sabor es de lo más nauseabundo, amargo y ácido». Y añadió: «No obstante, la cuestión de si un niño

se comería el fruto prohibido quedó zanjada de inmediato, puesto que ningún menor, joven o adulto en su sano juicio, ni siquiera un chiquillo hambriento, lo devoraría por voluntad propia». No contenta con sus descubrimientos, Bacon duplicó la dosis dos días después, y volvió a duplicarla transcurridos otros dos. Al parecer, esta fue la dosis concluyente, que le provocó alucinaciones, jaqueca, fuertes dolores en las sienes, confusión mental, vahídos, inflamación de garganta y «ardor intenso en el estómago con regüeldos gaseosos» (eructos, hablando en plata). Sin embargo, tal vez el síntoma más desconcertante fuera que el pulso se le disparó y «el corazón se aceleró de manera muy desagradable». Curiosamente, investigaciones científicas posteriores han puesto en duda la identidad de las bayas que comió Bacon en nombre de la botánica, y las pruebas no han corroborado sus hallazgos de que la baya roja venenosa produzca efectos tóxicos en el cuerpo humano, aunque confirmaron que tenía mal sabor. Puesto que existe una rara variedad de ojos de muñeca que da bayas rojas en lugar de blancas, ¿podríamos especular con que confundió la ojos de muñeca con la baya roja venenosa? Probablemente nunca lo sabremos.

De hecho, las toxinas de la ojos de muñeca se han investigado poco, aunque los síntomas de envenenamiento acreditados son muy similares a los que señaló Bacon: vómitos, dolor estomacal y confusión mental. A veces, la planta se confunde con otra especie del mismo género, la cimífuga (*Actaea racemosa*), cuyas raíces y rizomas utilizan como remedio natural los indios americanos desde tiempos inmemoriales y, hoy día, es un suplemento para mujeres menopáusicas. La mayoría de las raíces y los rizomas utilizados para obtener estos suplementos se recolectan en estado silvestre, pero es preocupante que los científicos que han analizado la cimífuga que se vende en Estados Unidos hayan descubierto que en algunos casos se adultera con otras especies de *Actaea*, incluida la ojos de muñeca. Afortunadamente, para tranquilidad de las personas que toman estos suplementos, han desarrollado pruebas para separar los adulterantes potencialmente peligrosos de la auténtica cimífuga a partir del análisis de sus distintas huellas químicas.

AYAHUASCA

Nombre en latín	Familia	Nativa de
Banisteriopsis caapi	*Malpigiáceas*	*Sudamérica*

Ayahuasca es el nombre de una especie de liana leñosa que serpentea y trepa por los bosques de Sudamérica, pero también de una bebida psicoactiva sagrada que se elabora en todo el continente desde hace siglos y, en las últimas décadas, ha acaparado atención mundial.

El término «ayahuasca» viene de las lenguas quechuas andinas y significa «liana del espíritu» o «enredadera del alma». Sin embargo, no es un brebaje único. Todas las lenguas de Sudamérica tienen su propio nombre para designarla, como *yagé, caapi, pinde, hoasca* y *patem*, y la receta exacta, el método de preparación y el uso varían en función del lugar. Los científicos han identificado más de 100 especies de 40 familias de plantas distintas en las fórmulas de la ayahuasca, con la incorporación de sustancias como hioscina (trompetero, véase p. 26), coca (véase p. 56) y tabaco (véase p. 72). Pero las dos especies principales son la planta de la ayahuasca y un arbusto de la familia del café (rubiáceas) llamado chacruna (*Psychotria viridis*). La interactuación de ambas plantas provoca los síntomas que experimentan los consumidores de ayahuasca. La chacruna contiene una triptamina psicodélica denominada dimetiltriptamina (DMT). Pero hay un problema: si se toma sola, la DMT se descompone rápidamente por acción de la enzima monoacminooxidasa A (MAO-A) al atravesar el aparato digestivo. Aquí es donde entra en juego la planta de la ayahuasca. Es muy rica en alcaloides de beta-carbolina, como harmina, harmalina y tetrahidroharmina, que inhiben la acción de la enzima MAO-A, lo que permite que la DMT haga su efecto en el cuerpo y el cerebro en lugar de neutralizarse y sintetizarse.

Por sí sola, la planta de la ayahuasca es una maravilla. Pertenece a la familia relativamente poco conocida de la acerola o cereza de Barbados (malpigiáceas). Sus gigantescos tallos leñosos tienen una estructura compleja que recuerda a cuerdas trenzadas que cuelgan entre las copas

de los árboles, con especímenes maduros que alcanzan los 30 metros. La planta es reacia a florecer, pero, cuando lo hace, sus flores rosas o blancas recuerdan un poco a la flor del manzano, seguidas de semillas aladas que caen ondeando hasta el suelo para germinar nuevas plantas.

Los chamanes de los distintos grupos indígenas de Sudamérica utilizan la ayahuasca de maneras muy diversas, ya sea como método para el diagnóstico y la curación de enfermedades como también para la adivinación, la profecía y los ritos de iniciación. La descripción de lo que experimentan las personas que han consumido ayahuasca varía, pero todas ellas padecen un violento proceso purgativo en forma de náuseas, vómitos y, a veces, diarrea, seguido de visiones de animales (en concreto, serpientes y jaguares) y la sensación de volar. La preparación y el consumo de ayahuasca forman parte de una elaborada ceremonia que normalmente se celebra de noche y puede durar horas. Los tallos leñosos de la planta de la ayahuasca y las hojas de chacruna se limpian meticulosamente, se colocan por capas en una olla de agua junto con otros ingredientes vegetales y, por último, se hierven en un fuego de leña para obtener un líquido concentrado. Los asistentes también se preparan a conciencia y, a menudo, deben ceñirse a una dieta especial y seguir una serie de instrucciones semanas antes de la ceremonia.

No hay consenso sobre los orígenes de las ceremonias de la ayahuasca, puesto que, según algunos estudios académicos, las prácticas principales se remontan a miles de años atrás, mientras que según otros son mucho más recientes, posiblemente de hace algunos siglos. El botánico inglés Richard Spruce fue el primer occidental que identificó la planta de la ayahuasca como uno de los ingredientes principales del brebaje alucinógeno en 1851, durante sus viajes por Sudamérica.

En las últimas décadas, las ceremonias de la ayahuasca se han convertido en un fenómeno global. En Sudamérica y otros países, principalmente Estados Unidos, se han fundado iglesias sincréticas de la ayahuasca que integran las ceremonias en torno a este brebaje en elementos del cristianismo. Personas de todo el mundo acuden a Sudamérica, en concreto Perú, en busca de una guía espiritual o una curación psicológica que no encuentranen la medicina occidental. En consecuencia, se ha producido un boom turístico de la ayahuasca, mayoritariamente sin regular, con resultados desiguales para el turismo y la población autóctona.

Los expertos han comprobado que la experiencia con la ayahuasca resulta mucho menos predecible para las personas ajenas a los rituales sociales y religiosos que la rodean. El escritor estadounidense William S. Burroughs, conocido por sus numerosos y variados experimentos con las drogas, dijo que era la droga más fuerte que había probado, y que alteraba absolutamente los sentidos. Hay constancia de turistas que han acabado en el hospital por reacciones adversas de la ayahuasca, y denuncias de apropiación cultural y explotación de personas y recursos.

En 1986, la patente estadounidense que se concedió al científico y empresario Loren Miller por una variedad de la planta de la ayahuasca que él denominó 'Da Vine' desencadenó una disputa legal con los grupos indígenas del Amazonas, y la Coordinadora de las Organizaciones Indígenas de la Cuenca Amazónica (COICA) tildó la patente de intento de piratería. Tras años de litigios, la patente se revocó en 1999 pero se readmitió en 2001, aunque expiró en 2003. La demanda creciente de ayahuasca también se ha traducido en una sobreexplotación de la planta, y las lianas más antiguas son las que corren más peligro. El turismo de la ayahuasca también ha aumentado la presión sobre el jaguar, una especie amenazada, por la demanda de partes del cuerpo del animal, sobre todo el pelaje y los dientes, para celebrar ceremonias mercantilizadas.

Científicos occidentales investigan la planta de la ayahuasca en busca de nuevos tratamientos de varias enfermedades y trastornos, tanto mentales como físicos, como la drogadicción, el párkinson, el alzhéimer y la depresión.

TROMPETERO

Nombre en latín	Familia	Nativa de
Brugmansia × *candida*	*Solanáceas*	*Colombia y Ecuador*

En 1995, la ciudad de Maitland, en Florida, Estados Unidos, prohibió el cultivo del trompetero porque este precioso arbusto de flor se consideraba demasiado peligroso. El año anterior, 112 personas del centro de Florida habían acabado en el hospital envenenadas por esta planta, cuando el año anterior solo había habido ocho ingresos por el mismo motivo. En todo el mundo, de vez en cuando aparece alguien que siente curiosidad por probar el trompetero porque ha oído hablar de sus propiedades alucinógenas, pero es fácil subestimar los grandes riesgos que conlleva su consumo.

Muchos de quienes llevan a cabo estos imprudentes experimentos son jóvenes, como el alemán de 18 años que se cortó el pene y la lengua con unas tijeras de jardinería después de tomarse una infusión de trompetero en 2003. Aunque hay excepciones. Un artículo del *Journal of Analytical Toxicology* de 1991 hablaba de un estadounidense de 76 años que hizo vino de flores de *Brugmansia* y acabó en el hospital tras tomarse solo tres cucharaditas del brebaje.

Como los otros miembros tóxicos de la familia de las solanáceas, como el estramonio y la belladona (véanse págs. 31 y 106), el trompetero es muy rico en alcaloides tropánicos, principalmente hiosciamina e hioscina. Se trata de sustancias anticolinérgicas, lo que significa que interrumpen el flujo de información a través de los nervios del cuerpo, por lo que causan una serie alarmante de síntomas físicos, desde relativamente leves (pupilas dilatadas, visión borrosa y ausencia de sudoración) hasta graves (convulsiones, parálisis, estado de coma y problemas respiratorios que pueden provocar la muerte). Los efectos en el cerebro también son devastadores, como paranoia, confusión, delirios, alucinaciones y agresividad.

Existen siete especies de trompetero del género Brugmansia. En Sudamérica, su lugar de origen, los trompeteros se tratan con sumo respeto, por no decir temor. Se consideran las plantas con más propiedades psicoactivas, que solo pueden consumir personas muy preparadas para ello, como los chamanes, y únicamente con una finalidad trascendental o sagrada, como visiones, profecías y comunicación con el mundo espiritual. Incluso los chamanes necesitan varios años de preparación antes de acometer todo el proceso. Se considera una experiencia compleja que puede durar varios días y debe someterse a una estricta supervisión, y en la cual el individuo puede sufrir cambios permanentes.

El trompetero es un arbusto arbóreo que mide de 6 a 8 metros de altura, con flores grandes y elegantes en forma de trompa de gramófono que cuelgan en vertical, formando una enorme lucerna floral. Todos los pueblos indígenas cuentan con sus prácticas y creencias propias, a menudo centradas en la especie de trompetero que crece donde estos pueblos viven. En general, la planta no se cultiva por sus propiedades alucinógenas, sino como una manera de capturar la mala energía o los espíritus antes de que entren en casa, por eso suelen crecer en las lindes de las fincas, en jardines o en hileras al borde de caminos. Se cree que el aroma de las flores tiene efectos soporíferos, por eso a veces se ponen en la almohada, aunque hasta ahora las investigaciones científicas no han hallado nada en su aroma que provoque adormecimiento al inhalarlo.

Los trompeteros engalanan los jardines de todo el mundo, apreciados por su porte señorial y sus bonitas flores. Los seleccionadores han obtenido centenares de cultivares de flores onduladas y dobles, hojas variegadas y distintos hábitos, pero, hasta cierto punto, botánicamente siguen siendo todo un misterio. Hasta no hace mucho, las Brugmansias se clasificaban como una subespecie del género Datura, plantas también conocidas por su composición tóxica y alucinógena (véase el estramonio, p. 31). Actualmente, los botánicos las consideran un género independiente, una rama distinta del árbol genealógico de la belladona. Las Brugmansias se consideran cultígenos, es decir, plantas que solo son cultivadas, de cuyos antepasados silvestres no existe constancia. Se tiene constancia del uso ritual y religioso de la especie *Brugmansia* como mínimo desde el siglo I e. c., aunque algunos expertos sospechan que la humanidad se vale de sus propiedades desde hace hasta 10 000 años. Esto explicaría por qué todas las plantas que vemos hoy día son cultivadas: siglo tras siglo, los humanos han reproducido y, por tanto, perfeccionado estas especies en beneficio propio.

No ha sido hasta las últimas décadas cuando la planta ilustrada en la página anterior, la *Brugmansia x candida*, ha revelado su verdadera herencia genética. De hecho, no es una especie como tal, sino un híbrido entre otras dos Brugmansias: la B. aurea de flores amarillas y la B. versicolor de flores color albaricoque. Normalmente sus flores son blancas, pero también pueden ser naranjas, de color albaricoque o rosadas. Los híbridos suelen ser muy vigorosos, como en este caso, y prosperar en una gran variedad de entornos y altitudes, desde el nivel del mar hasta 3000 metros por encima. Este híbrido también ha mutado en distintas formas, que se concentran en el valle de Sibundoy, al sur de Colombia. Una de ellas era tan distinta de la planta madre que al principio se le asignó un género y una especie propios, *Methysticodendron amesianum*.

Sin embargo, estudios recientes han demostrado que se trata de un cultivar de *Brugmansia x candida* conocido como 'Culebra'. Sus hojas no tienen la forma típicamente ovalada de la planta madre, sino que son largas, estrechas y con bordes irregulares, y las flores son igualmente estrechas y deformes, por lo que tiene un aspecto insólito. Es más rica en alcaloides que la planta madre y, por tanto, más apreciada como alucinógena. Al parecer, cuando se toma esta planta es habitual tener visiones de animales poderosos como serpientes y jaguares.

Pese a las poderosas propiedades del trompetero como veneno peligroso y alucinógeno, la medicina tradicional sudamericana le da una cantidad sorprendente de usos. En la mayoría se aplican partes de la planta sobre la piel o el paciente se baña en agua infusionada con ella.

CUESTIONES ETIMOLÓGICAS

Como muchos nombres científicos de plantas, el género *Brugmansia* se refiera a un hombre que poco tiene que ver con su historia u orígenes. El científico sudafricano Christiaan Hendrik Persoon creó el género *Brugmansia* en 1805 y le dio este nombre en honor de Sebald Justinus Brugmans, un médico y botánico neerlandés del siglo XVIII que se recuerda principalmente por su trabajo pionero sobre la gangrena. Más recientemente, algunos botánicos se han inspirado en villanos de ficción para poner nombre a las plantas. La *Begonia darthvaderiana* se descubrió en Sarawak, Borneo, en 2013 y se bautizó como el malo de *Star Wars*, al parecer por sus espectaculares hojas negras. El mismo año, en Ecuador, se descubrió e identificó la primera orquídea *Dracula smaug*. La planta no se llama así en honor del vampiro de ficción, sino de dos dragones: dracula significa «pequeño dragón» en latín, y se refiere a la forma de las flores, mientras que *Smaug* es el avaro dragón de la novela El hobbit de J. R. R. Tolkien.

ESTRAMONIO

Nombre en latín	Familia	Nativa de
Datura stramonium	*Solanáceas*	*De Texas a Centro-américa y el Caribe*

En 1676, los soldados británicos llegaron a Jamestown, en Virginia, Estados Unidos, para sofocar una revuelta armada de los colonos. Recolectaron unas plantas que crecían en los alrededores del primer asentamiento inglés de Norteamérica y se las comieron como una «ensalada hervida». Durante los once días siguientes, perdieron el juicio. Según una crónica de la época, hicieron volar plumas en el aire, se desnudaron, besaron y manosearon a sus compañeros, e hicieron «mil bobadas por el estilo». Cuando, por fin, dejaron de delirar, los hombres eran incapaces de recordar nada de lo sucedido, lo que demuestra el gran poder alucinógeno del estramonio. Este incidente se recuerda en el nombre común de la planta en Estados Unidos, *jimson weed*, una contracción de Jamestown *weed* (literalmente, «la mala hierba de Jamestown»), como se conocía al principio. En inglés la planta también recibe el nombre de thornapple, por las cápsulas espinosas (*thorn* es «espina») de semillas en forma de manzana (*apple*).

El poder embriagador del estramonio se conoce desde hace siglos, y su capacidad para propagarse como especie invasora significa que ha colonizado la mayoría de las regiones templadas y tropicales del mundo. Esta planta anual alcanza fácilmente el metro y medio de alto, y prolifera en lugares en los que los humanos han alterado el suelo, como bordes de carreteras, descampados y vertederos. También suele brotar en jardines domésticos como un espécimen misterioso, transportado como contaminante del alpiste. Las flores blancas con la parte central morada en forma de trompeta, que se abren al anochecer para atraer grandes polillas polinizadoras con su dulce aroma a madreselva, son tan bonitas que cuesta creer que es una mala hierba y es mejor no tocarla. Lo cierto es que la flor de estramonio es preciosa, como acreditó la artista estadounidense Georgia O'Keeffe cuando, en 1932,

la inmortalizó en la obra *Estramonio/Flor blanca n.º 1* (vendida por 44,4 millones de dólares en noviembre de 2014).

Sin embargo, debido al impresionante poder de reproducción y al potencial lesivo del estramonio, suele aconsejarse a los jardineros que arranquen los especímenes solitarios antes de que den semillas. Esto resulta más fácil de entender al ver las vainas verdes espinosas, de un tamaño parecido al de la semilla del castaño de Indias. Cuando se secan y se vuelven marrones, se abren por un extremo y descubren cuatro receptáculos abarrotados de semillas negras. Cada planta puede producir unas 15 000 semillas, que permanecen viables en el suelo durante décadas. Y, aunque las flores huelen bien, del follaje se dice invariablemente que tiene un olor desagradable que hay quien compara al olor de pies. De hecho, en Sudáfrica, el nombre en afrikáans de la planta es *stinkblaar* («hoja pestilente»).

Las principales toxinas que se encuentran en todas las partes del estramonio son la hiosciamina y la hioscina, dos alcaloides tropánicos. Están principalmente en las semillas, pero su concentración varía mucho según la planta. Los alcaloies tropánicos bloquean la acetilcolina, el neurotransmisor que estimula los nervios, y, por lo tanto, deprimen el sistema nervioso. Los estudiantes de medicina tienen una regla mnemotécnica para recordar los síntomas de estos venenos: «loco como una cabra, caliente como una liebre, rojo como una remolacha, ciego como un murciélago y seco como un hueso». Esto se traduce en delirio y confusión; piel seca y enrojecida; pupilas dilatadas y visión borrosa, y boca seca. La fisostigmina extraída de las semillas del haba de Calabar (véase p. 190) se utiliza a veces como antídoto de la intoxicación de estramonio. En los casos más graves pueden producirse problemas cardiacos, convulsiones, estado de coma y la muerte, y el estramonio puede ser letal incluso en pequeñas dosis.

El diagnóstico de envenenamiento por esta planta suele ser complicado porque los pacientes que llegan al hospital no pueden comunicar o recordar lo que les ha pasado. En Sudamérica, los delincuentes se aprovechan de ello y utilizan burundanga (el nombre que reciben los extractos que contienen hioscina del estramonio y otras *Datura* y la especie afín *Brugmansia*) para el denominado «viaje del millón de dólares» y otros fines nefarios. A las víctimas les echan el veneno en la bebida y la comida o se les sopla en forma de polvo en la cara. La toxina hioscina hace que las víctimas se desorienten y cedan a las peticiones de los delincuentes, que les hacen sacar dinero en cajeros automáticos o les roban sus posesiones. Una vez desaparece el efecto alucinógeno, no

Datura Stramonium.

pueden recordar lo ocurrido. Sin embargo, muchos otros casos de envenenamiento se deben a confusiones de identidad y a experimentos que se llevan a cabo para explotar las propiedades alucinógenas bien documentadas del estramonio. También ha habido casos de envenenamiento a causa de cosechas contaminadas. En 2019, más de doscientas personas enfermaron tras ingerir alimentos de un programa de ayuda humanitaria de Uganda que posteriormente se descubrió que estaban adulterados con estramonio. Cinco de ellas murieron.

El uso del estramonio como alucinógeno es muy antiguo. La planta se utilizaba en ceremonias religiosas, en concreto en el subcontinente indio y Sudamérica. También tiene aplicaciones en la medicina ayurvédica y otros tipos de medicina tradicional, en las que las hojas se utilizan como remedio para el asma y la jaqueca, y la corteza como tratamiento tópico de úlceras y otras afecciones cutáneas.

UN FUTURO PROMETEDOR

La capacidad del estramonio para sobrevivir en condiciones extremas también ha creado oportunidades para que los humanos lo aprovechen de maneras insólitas. La fitorremediación (el uso de las plantas para eliminar o degradar elementos tóxicos del suelo) puede ayudar a limpiar el suelo de contaminantes como metales pesados y pesticidas. Se ha demostrado que el cultivo de estramonio en terrenos llenos de explosivos es una manera efectiva de limpiar el suelo contaminado por TNT. Las abundantes semillas de la planta también son objeto de investigación sobre el biodiésel como una alternativa a los combustibles fósiles. Y la difusión mundial del estramonio significa que también se considera una fuente alternativa de atropina (obtenida de la hiosciamina purificada), que es necesaria como antídoto para tratar a las personas expuestas a los agentes nerviosos organofosforados en conflictos bélicos.

ADELFA AMARILLA

Nombre en latín	Familia	Nativa de
Cascabela thevetia	*Apocináceas*	*México, Centroamérica y Sudamérica*

Esta planta comparte nombre y territorio con la serpiente de cascabel, y con ambas puedes jugarte la vida. La serpiente se llama así por el ruido de advertencia que emite con los anillos duros de queratina de la cola cuando se siente amenazada. En el caso del género de la adelfa amarilla, Cascabela, el nombre se debe a las curiosas vainas de semillas en forma de farolillo, que tintinean cuando están secas y suelen atarse a palos o tobilleras para utilizarse como cascabeles en Sudamérica.

La planta recibe muchos nombres, lo que refleja su popularidad en todos los climas tropicales y subtropicales como planta de seto y árbol ornamental de jardín, apreciada por sus flores en forma de trompeta amarillas (o, a veces, naranjas o blancas) y el follaje coriáceo parecido al del sauce, así como por su facilidad para crecer en suelos muy diversos. Es ideal para delimitar porque el ganado no se acerca a las hojas venenosas, y crece deprisa. En zonas de África, Cuba, Australia y las islas del Pacífico se ha convertido en una mala hierba perjudicial, que suele propagarse a través de los desechos de jardinería o las semillas que viajan por el agua. A veces, esta especie se cofunde con la *Nerium oleander*, que también se conoce popularmente como adelfa. Aunque ambas contienen el mismo tipo de venenos letales y pertenecen a la familia de las apocináceas, no están estrechamente relacionadas. La *Nerium oleander* es nativa de otras latitudes: el sur de Europa y zonas de Asia.

Las toxinas nocivas de la adelfa amarilla son glucósidos cardiacos, similares a los de la dedalera (véase p. 131). Los compuestos principales que han identificado los científicos en esta planta son tevetina A y B,

y tevetoxina. Están presentes en toda la planta, en la savia lechosa y, sobre todo, concentradas en las semillas. Hay una semilla en cada una de las dos «alas» de la vaina, que se encuentra dentro de una drupa carnosa (un fruto similar a una ciruela o una aceituna) que empieza siendo verde y se vuelve negra cuando madura. Cada planta puede producir cientos de estos frutos, que, a medida que se secan, revelan el endocarpio leñoso o la vaina de semillas.

Las semillas contienen la mayor concentración de de toxinas, y tienen la fama de ser un método de suicidio en Sri Lanka. En 1980, la prensa esrilanquesa se hizo eco de la muerte de dos niñas de la ciudad

de Jaffna, al norte del país, que habían ingerido semillas de adelfa amarilla. Después, hubo un aumento alarmante de muertes por consumo intencionado de las semillas, sobre todo entre la juventud del norte del país. Según los informes científicos de 1999 y 2000, transcurridos 20 años de los primeros casos, se estimaba que aún había miles de casos entre los jóvenes cada año. Los síntomas de envenenamiento son vómitos, diarrea y otros trastornos gastrointestinales, así como pulso lento o irregular. Quienes consumen las semillas con alcohol suelen tener más probabilidades de sobrevivir, puesto que el alcohol provoca vómitos, con lo cual se elimina la fuente del veneno antes de que pueda causar demasiado daño.

Pese a sus efectos letales, en algunos países se consideran auspiciosas, y las «semillas de la suerte» se llevan como un amuleto en el bolsillo o colgadas en un collar. ¿Puede que porque las vainas se parecen a las galletas de la suerte? Tal vez, pero en Sudamérica la planta también se conoce como sombrero de Napoleón por la forma de la vaina.

La savia lechosa y el aceite de las semillas de adelfa amarilla hace mucho que se utilizan en toda África, Sudamérica y Asia, sobre todo aplicados en la piel para curar heridas y como remedio para las mordeduras de serpiente. En cuanto a las semillas, se utilizan como raticida y se mezclan con jabón para obtener insecticida. Los científicos han confirmado que los extractos de la planta poseen cualidades antimicrobianas cuando se utilizan tópicamente, pero son tan tóxicos que se ha desaconsejado el uso interno en la medicina tradicional.

La adelfa amarilla también ha sido objeto de una advertencia de la Administración de Alimentos y Medicamentos (FDA, por sus siglas en inglés) de Estados Unidos. Tras el envenenamiento fortuito de un niño que ingirió las pastillas para adelgazar de su madre, las pruebas revelaron que estas contenían *Cascabela thevetia* en lugar de tejocote (*Crataegus mexicana*), tal como ponía en la etiqueta. El niño se recuperó en el hospital, pero investigaciones posteriores de la FDA demostraron que otros suplementos para perder peso de tejocote también contenían adelfa amarilla.

Posiblemente las semillas de la suerte se denominan así por otro motivo. A medida que el cambio climático nos obliga a alejarnos de la dependencia de los combustibles fósiles, los científicos que buscan alternativas renovables al gasóleo del petróleo han descubierto que las semillas de adelfa amarilla tienen potencial como materia prima para biodiésel. Puesto que no son comestibles, pueden recolectarse sin que supongan una amenaza para fuentes de alimentación humanas.

CURARE

Nombre en latín	Familia	Nativa de
Chondrodendron tomentosum	*Menispermáceas*	*Centroamérica y Sudamérica*

Las lianas constituyen una cuarta parte de todas las especies vegetales descubiertas en las selvas tropicales de Sudamérica, pero, a lo largo de los siglos, pocas han llamado tanto la atención como la planta del curare, una fuente de veneno de flecha con una eficacia letal para cazar.

Las lianas constituyen una cuarta parte de todas las especies vegetales descubiertas en las selvas tropicales de Sudamérica, pero, a lo largo de los siglos, pocas han llamado tanto la atención como la planta del curare, una fuente de veneno de flecha con una eficacia letal para cazar.

Esta trepadora leñosa, también conocida como *pareira brava*, es nativa de Bolivia, el norte de Brasil, Colombia, Ecuador, Panamá y Perú, y tiene hojas grandes en forma de corazón de hasta 20 cm de largo con el envés blanco y velloso. Alcanza 30 metros de largo y puede llegar a la copa de los árboles, de los que se sirve para crecer desde el suelo. Pertenece a la familia de la semilla de luna (menispermas), y es una de las únicas tres especies del género *Chondrodendron*, todas las cuales son venenosas.

«Curare» es un término genérico que se refiere a una serie de recetas de veneno utilizadas para ungir dardos de cerbatana y flechas de los pueblos indígenas de Sudamérica. La planta homónima es una de las dos especies de liana más empleadas como ingrediente principal de estas recetas, siendo la otra la *Strychnos toxifera*, emparentada con la nuez vómica (véase p. 240). A partir del siglo XVI, los Europaos que exploraban y explotaban Sudamérica regresaron a casa con historias increíbles de la sustancia tóxica que los pueblos indígenas utilizaban para envenenar sus flechas, que a menudo les disparaban a ellos.

En 1595, el explorador inglés *sir* Walter Raleigh, que viajó a Sudamérica en busca de la mítica ciudad de El Dorado, describió «la muerte sumamente horrenda y lamentable» que sufrieron algunos hombres de su destacamento que fueron víctimas de disparos de curare,

aunque no siempre recibía el mismo nombre. El veneno se llamaba *ourari*, *wourara*, *wouralia* y *urari*, entre otros, aunque curare fue la designación que al final se estandarizó, probablemente derivado de la palabra caribe *kurari*. Las barreras para comprender la naturaleza exacta del curare no eran meramente lingüísticas. Los pueblos que lo utilizaban mantenían su origen en secreto. En consecuencia, Raleigh y otros exploradores solían proporcionar información tremendamente inexacta sobre el curare, como que el ajo y la sal eran sus antídotos.

Otro problema era que la receta y el método de preparación y almacenamiento del curare en un lugar era muy distinto en otro, y solía depender de las plantas que crecían abundantemente en esa zona específica. La planta del curare solía utilizarse para envenenar flechas en la parte occidental de la Amazonia y se guardaba en cañas de bambú, mientras que las especies del género *Strychnos*, incluida la *Strychnos toxifera*, se almacenaban en calabazas o recipientes de terracota y se utilizaban en las regiones de más al norte y el este, donde abundaban estas plantas.

La corteza de la planta del curare se mezclaba con agua y hasta otras 20 sustancias, incluidos veneno de serpiente y rana. La decocción de los ingredientes daba como resultado una sustancia espesa y alquitranada con la que podían pintarse las flechas para la próxima salida de caza. Los expertos en veneno ajustaban la potencia del curare en función del tamaño de la presa y el tiempo que tardaba en hacer efecto. En entornos densamente boscosos era imprescindible poder atrapar a la presa a una corta distancia después de dispararle, puesto que costaba localizar a los animales envenenados cuanto más tiempo transcurría antes de que se desplomaran. El veneno de las flechas se absorbía rápidamente en el torrente sanguíneo, pero costaba que lo absorbiera el intestino debido al gran tamaño de la molécula en cuestión, por lo que podían comerse la presa sin correr el riesgo de envenenamiento secundario.

No fue hasta el siglo XIX y principios del siglo XX cuando los científicos occidentales identificaron por fin las plantas exactas que formaban parte del curare y su mecanismo de acción. Les fascinaba la idea de un veneno que podía matar por asfixia, y lo probaron en diversos animales para comprobar su eficacia. Uno de los experimentos más memorables se llevó a cabo en la década de 1820, cuando el explorador inglés Charles Waterton regresó de Sudamérica con un cargamento de curare que probaron en tres asnos. El único que sobrevivió recibió ventilación asistida al insuflarle aire en los pulmones con unos fuelles. Al asno en cuestión se le llamó Wouralia, uno de los muchos nombres del curare, y vivió muchos años en la finca de Waterton en Yorkshire. Había quien creía que las personas a las que se les administraba curare no tenían dolor, pero, a través de muchos experimentos realizados en animales, e incluso humanos, se descubrió que las sustancias que contenía no eran anestésicos que dejaban a los pacientes insensibles al dolor, sino que simplemente relajaban los músculos, de modo que eran plenamente conscientes de lo que sucedía y notaban el dolor pero no tenían forma de demostrarlo.

El alcaloide principal de la planta, la tubocurarina, bloquea los mensajes enviados por los neurotransmisores que activan los músculos, con lo que imposibilita el proceso vital de respirar mediante el diafragma y provoca la muerte por asfixia. Pero los científicos creen que, en dosis más pequeñas, la tubocurarina podría usarse para relajar los músculos de pacientes anestesiados durante la cirugía. En 1935, el químico británico Harold King descubrió la composición química de una muestra de curare y aisló la tubocurarina pura por primera vez. Después, en 1938, el aficionado a la botánica y aventurero Richard Gill se llevó muestras de pasta de curare y 75 plantas a Estados Unidos tras un viaje a Ecuador, donde la población local le enseñó a preparar veneno de flecha. Quedó fascinado por el potencial de los relajantes musculares del curare para ofrecer un tratamiento efectivo para los problemas neurológicos que padecía, que posteriormente se diagnosticaron como esclerosis múltiple. La empresa farmacéutica Squibb and Sons le compró el curare y lo utilizó como base de un relajante muscular llamado Intocostrin.

A partir de la década de 1940, la tubocurarina se hizo indispensable en el quirófano, donde se usaba junto a los anestésicos para las operaciones quirúrgicas. En la medicina moderna, la tubocurarina se ha reemplazado por alternativas sintéticas, pero la planta del curare aún es utilizada por los pueblos indígenas de regiones remotas del continente en las que las antiguas técnicas de caza han sobrevivido hasta el siglo XXI.

CICUTA MACULATA

Nombre en latín	Familia	Nativa de
Cicuta maculata	*Apiáceas*	*Norteamérica*

A los recolectores de plantas silvestres se les enseña a temer las apiáceas, y por una buena razón. Las umbelíferas, como se conoce también la familia de esta planta, son un grupo muy diverso en el que hay tanto especies tóxicas como deliciosas. Distinguir alimentos como la chirivía (*Pastinaca sativa*) y la zanahoria (*Daucus carota*) de los parias no es tan sencillo. A ojos inexpertos, las flores blancas apiñadas y el follaje frondoso se asemejan y, además, tienen un olor parecido. Uno de los miembros más tóxicos de las apiáceas es la *Cicuta maculata*. Nativa de Canadá, Estados Unidos y México, vive en lugares húmedos, como orillas de ríos y arroyos, praderas inundables y marjales. Su hábitat ayuda a distinguirla de otras especies que prefieren suelos más áridos, como la chirivía, la zanahoria silvestre, la raíz de ginseng (*Panax quinquefolius*), la raíz de valeriana (*Valeriana officinalis*) y la aguaturma (*Helianthus tuberosus*). La planta mide de 1 a 2 metros de alto, y sus tallos suelen ser estriados con manchas moradas, como sugiere su nombre científico, *maculata* («moteada»). Las etéreas flores blancas brotan en verano en ramilletes planos típicos de las umbelíferas, mientras que las robustas raíces se parecen a la chirivía y la zanahoria y huelen igual. Cuando las raíces se magullan, toda la planta rezuma una sustancia oleosa amarilla.

En general, la *Cicuta maculata* se considera la planta más tóxica del continente norteamericano, junto con su pariente, la *Cicuta douglasii*, que crece al oeste de Estados Unidos y Canadá, y la cicuta mayor (*Conium maculatum*, véase p. 178), que no es nativa pero se ha introducido en Norteamérica en los últimos dos años. Las tres especies son muy parecidas, todas podrían matarle y todas se han confundido con alimentos de aspecto similar.

La mejor manera de distinguir la *Cicuta maculata* de la cicuta mayor es el hábitat, puesto que la primera prefiere lugares húmedos. También pueden examinarse con atención las nervaduras de las hojas. Los nervios de la *Cicuta maculata* terminan en las hendiduras de las hojas dentadas, mientras que los de la cicuta mayor se extienden hasta los extremos de los dientes. Como todas las umbelíferas, la *Cicuta maculata* es popular entre los polinizadores, además de ser la planta huésped de la mariposa cometa negra, cuyas orugas de listas verde lima, amarillo y negro son capaces de absorber las toxinas de la planta sin sufrir ningún daño.

Afortunadamente, en las últimas décadas ha habido muy pocos casos de envenenamiento por esta especie en humanos, pero la mayoría se deben a errores de confusión con otras especies. Aun así, el envenenamiento de ganado es habitual, sobre todo cuando las inundaciones o los trabajos agrícolas dejan las raíces a la vista. Quienes tienen la desgracia de probar la raíz suelen discrepar sobre el sabor, y, mientras que unos dicen que sabe a aguarrás, a otros les recuerda al anís silvestre. En 1992 hubo un caso de envenenamiento muy sonado de dos hermanos que recolectaban plantas silvestres en Maine, Estados Unidos. El menor, de 23 años, se comió tres bocados de una raíz que identificó erróneamente como si fuera de ginseng, mientras que el mayor, de 39 años, tomó un bocado de esta. Al cabo de media hora, el hermano menor vomitó y empezó a convulsionar. Lo llevaron al hospital y, pese a administrarle una medicación de urgencia, murió solo tres horas después de ingerir la raíz. Su hermano también sufrió convulsiones al cabo de dos horas, pero sobrevivió tras recibir tratamiento médico.

La toxina principal de la *Cicuta maculata* es la cicutoxina, que

Ilustración de la mariposa cometa negra.

46

se concentra sobre todo en las raíces. No hay consenso entre los científicos sobre la toxicidad del resto de la planta, pero con toda probabilidad hay que evitar a toda costa las hojas, las semillas, los tallos y las flores. La planta es venenosa en todas las épocas del año, pero, cuando está latente en invierno y solo le quedan las raíces, el veneno está más concentrado que nunca. Un primer síntoma del envenenamiento son los vómitos, que, de hecho, pueden ayudar a eliminar parte del material tóxico del estómago. A continuación, se experimenta dilatación de pupilas, ritmo cardiaco irregular y problemas respiratorios. La cicutoxina interfiere en los mecanismos del sistema nervioso central, por lo que las convulsiones también son

síntomas habituales. En los casos más graves, esto puede derivar en parálisis o la muerte. Aunque no existe ningún antídoto para el envenenamiento por *Cicuta maculata*, la atención hospitalaria urgente con la administración de benzodiacepinas para controlar las convulsiones suele mejorar la tasa de supervivencia. Las personas que sobreviven para contarlo no recuerdan en absoluto haber sufrido un envenenamiento.

¿CÓMO DISTINGUIR LAS DISTINTAS ESPECIES DE CICUTA?

Hay tantas especies de cicuta y son tan parecidas que pueden crear confusión. *Conium* significa «cicuta» en griego antiguo, y *cicutum*, «cicuta» en latín. Para complicar más las cosas, existen algunas especies de árboles que, en inglés, también se conocen como *hemlock* (el nombre común de la cicuta), pero, científicamente hablando, pertenecen al género *Tsuga* y no están emparentados con los géneros *Conium* y *Cicuta*. El origen del nombre común sencillamente se debe al hecho de que las hojas huelen igual.

SETA ROJA

Nombre en latín	Familia	Nativa de
Cortinarius rubellus	*Cortinariáceas*	*Las latitudes septentrionales del hemisferio norte*

Según un antiguo dicho popular, «hay buscadores de setas viejos y buscadores de setas osados, pero no buscadores de setas viejos y osados». Los micólogos calculan que, de los miles de especies de hongos, solo un centenar son venenosas, pero basta cometer un solo error al recolectar setas para que las consecuencias sean mortales. Y la seta roja es una de las más venenosas: bastan entre uno y dos ejemplares para poner la vida en grave peligro.

El escritor británico Nicholas Evans, conocido por su novela de gran éxito *El hombre que susurraba a los caballos*, lo vivió en sus propias carnes en 2008, cuando confundió setas rojas venenosas con setas calabaza (*Boletus edulis*) comestibles durante un viaje familiar a Escocia. Evans, su esposa Charlotte Gordon Cumming, y el hermano y la cuñada de esta cayeron gravemente enfermos y fueron hospitalizados después de comerse las setas. En un artículo del *British Medical Journal*, Evans confesó que: «Nuestro error con las supuestas setas calabaza se debió a que dos personas que confiaban en la experiencia de la otra, y las consecuencias fueron catastróficas». La cuñada se recuperó por completo, pero las otras tres personas sufrieron daños irreversibles en los riñones y, después de someterse varios años a diálisis, recibieron un trasplante de riñón.

El hábitat de la seta roja son los bosques templados y subalpinos de pino y pícea, donde suele brotar entre finales de verano y otoño. Es de color marrón rojizo y huele sutilmente a rábano. Otro rasgo característico es la cortina, un velo en forma de telaraña que cubre las láminas de los ejemplares jóvenes. A veces se confunde con el rebozuelo (*Cantharellus cibarius*) y la trompeta amarilla (*Craterellus tubaeformis*),

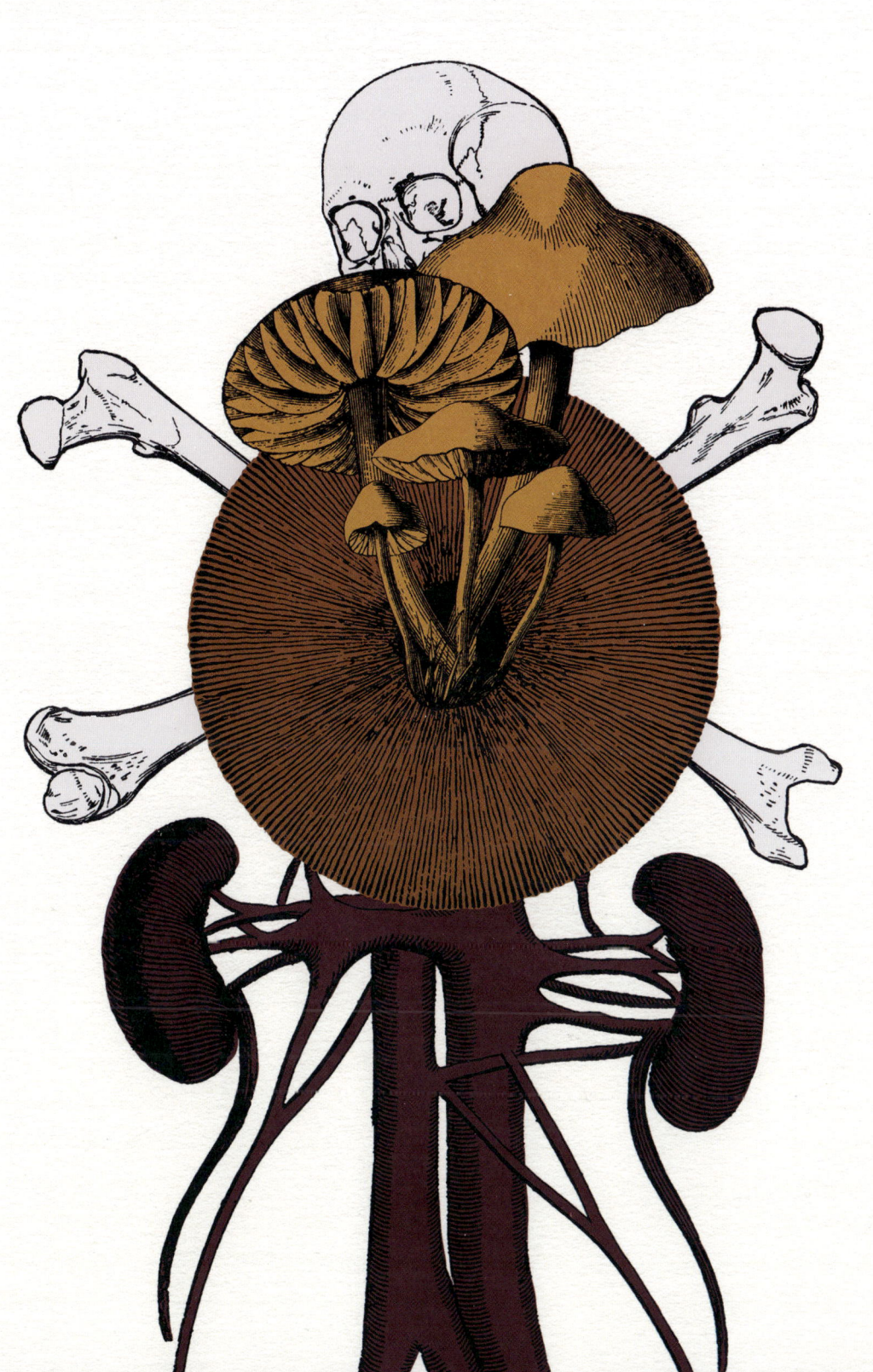

ambos comestibles, así como las setas psicodélicas del género *Psilocybe*, llamadas «setas mágicas».

Si se come una seta roja, puede que transcurran entre dos y catorce días hasta la aparición de los síntomas, empezando por problemas gastrointestinales relativamente leves, como náuseas y vómitos. Después, empieza a manifestarse el daño renal: fatiga, pérdida de peso, sed, incapacidad de orinar y dolor de riñón. Cuando se acude al hospital, los médicos puede que tengan que hacer de detective para relacionar los síntomas con el consumo de setas de unos días o incluso semanas antes. Hay pacientes que, con el tiempo, recuperan la función renal, pero otros sufren daños irreversibles; quienes sobreviven tienen que someterse a diálisis mientras esperan un donante de riñón compatible.

Las setas *Cortinarius* pertenecen a un gran género que comprende centenares de especies, algunas comestibles, aunque la mayoría de los buscadores de setas huyen de ellas. Esto es porque muy pocas tienen

50

un sabor que merezca la pena, y el riesgo de confundir una especie comestible con una venenosa es demasiado alto. Además, las especies supuestamente comestibles de Cortinarius también entrañan riesgos. El rocites arrugado (*Cortinarius caperatus*) crece en Europa, zonas de Norteamérica y el Asia templada, y se considera sabroso y exquisito. Sin embargo, al haber cada vez más evidencias de que puede almacenar niveles peligrosos de mercurio y cesio radiactivo, los buscadores de setas la evitan, sobre todo en las zonas de Europa más afectadas por el accidente nuclear de Chernóbil de 1986.

El compuesto de la seta roja y otras seis especies venenosas del género *Cortinarius*, el grupo de las *Orellani*, es la nefrotoxina orellanina. En el cuerpo humano, ataca principalmente a los riñones, pero el daño se manifiesta poco a poco. Hizo falta una intoxicación masiva en Polonia en la década de 1950 para que los científicos identificaran que la orellanina era el compuesto responsable de la toxicidad de las setas rojas y otras especies del grupo de las Orellani. El descubrimiento se produjo después de que más de un centenar de personas de la ciudad de Bydgoszcz, al norte del país, enfermaran tras consumir cortinario de montaña (*Cortinarius orellanus*). Murieron 11 personas.

Los casos de envenenamiento por seta roja son más habituales en Escandinavia, pero también ha habido en Finlandia, Italia, Alemania, Francia y Norteamérica. Esta especie ha aparecido en Japón en las últimas décadas, pero su relativa rareza significa que sus riesgos aún son desconocidos entre los recolectores de plantas, que no paran de ir en aumento atraídos por la idea de los «alimentos silvestres».

A pesar de los estragos que ha causado la seta roja, podría ofrecer un rayo de esperanza. Actualmente se están realizando ensayos de una versión sintética de la orellanina por sus posibles efectos positivos en la quimioterapia para el cáncer renal.

DIEFEMBAQUIA

Nombre en latín	Familia	Nativa de
Dieffenbachia seguine	*Aráceas*	*El Caribe y Sudamérica*

Esta popular planta doméstica tiene un oscuro pasado que nunca se menciona en la etiqueta. Se venden millones de diefembaquias en todo el mundo, apreciadas por las llamativas hojas variegadas que brotan de los robustos tallos que a veces llegan al techo. Sin embargo, las floristerías deberían advertir siempre a sus clientes sobre esta planta, porque contiene una desagradable sorpresa para cualquiera que le dé un trato inadecuado. Y esta toxicidad se ha aprovechado de maneras terribles para hacer daño en distintos momentos de la historia.

La diefembaquia crece en claros de la selva y a la orilla de arroyos en el Caribe y zonas de Sudamérica, y alcanza los 3 metros de alto en matas que pueden hacerse enormes. Es una de las 60 especies del género *Dieffenbachia*, todas las cuales son, hasta cierto punto, tóxicas. Los tallos y hojas jugosos parecen ideales para un herbívoro, pero el mecanismo de defensa de la planta hace que no sean plato de buen gusto.

Cuando se magulla, la primera advertencia es el olor almizclado que despide. Después, la planta se encabrita. Sus tejidos están abarrotados de minúsculos cristales en forma de aguja de oxalato de calcio llamados rafidios, que se agrupan en células vegetales especializadas. Cuando se dañan, la planta dispara estos cristales contra la piel. Los científicos aún tratan de averiguar las otras toxinas a las que recurre, pero los síntomas resultantes son obvios: sarpullido, quemazón e hinchazón. Cuando la savia de la diefembaquia entra en contacto con las membranas mucosas de los ojos y la boca, la cosa empeora. Puede que a la víctima le cueste respirar y hablar, porque la garganta y la boca se hinchan, y se produce una segregación excesiva de saliva y lágrimas. La vista se vuelve borrosa y, en casos graves, puede dañarse permanentemente la córnea. Algunas personas que ingieren la planta necesitan una traqueotomía para poder respirar, pero la mayoría se recuperan.

Hace mucho que la diefembaquia se utiliza allí donde crece en estado silvestre, tanto para preparar el curare (véase p. 42), un tipo de veneno con el que se ungen las flechas, como para envenenar al enemigo. Los esclavistas de las plantaciones del Caribe del siglo XVIII la utilizaban para castigar a los esclavos. Obligaban a las víctimas a comerse un trozo del tallo, lo que les ocasionaba un sufrimiento inimaginable y los silenciaba de la manera más cruel. Este es el origen de uno de los nombres comunes de la planta, caña muda. También

se tiene constancia de que los esclavos ingerían los tallos para suicidarse.

La planta se considera un talismán en la Amazonia, donde se pone a la entrada de las casas para ahuyentar a las visitas indeseadas, tanto físicas como espirituales. En Brasil se conoce como *comigo-ninguém-pode*, que significa «nadie puede conmigo» en portugués. El uso medicinal de la diefembaquia está documentado. Principalmente se utilizaba sobre la piel. Las hojas se calentaban hasta que se marchitaban, o se hacía un ungüento con ellas, y se utilizaban para las piernas hinchadas y las varices. También se sabe que la planta se masticaba como método anticonceptivo provisional. Los nazis intentaron explotar esta aplicación en la Segunda Guerra Mundial, cuando empezaron a cultivar diefembaquias y a experimentar con los prisioneros con la intención de llevar a cabo un programa de esterilización masiva. Sin embargo, no consiguieron producir ejemplares suficientes para que el plan fuera un éxito.

La toxicidad de la diefembaquia está diseñada para protegerla de herbívoros hambrientos, aunque no rechaza a todos los animales. Examine de cerca un ejemplar silvestre y tal vez descubra renacuajos de la rana venenosa imitadora, que vive en las minúsculas cavidades llenas de agua de lluvia llamadas fitotelmas, que se forman en la intersección de la hoja con el tallo principal. Como su nombre indica, la rana también es tóxica, aunque no tanto como las otras tres especies de ranas venenosas del género *Ranitomeya* cuyos colores y motivos de la piel imita.

A pesar de sus peligros, la diefembaquia es una de las plantas domésticas más comunes y apreciadas. Se introdujo en Europa en la década de 1750 y los exhaustivos programas de cultivo han producido una miríada de cultivares con distintas combinaciones de motas, salpicaduras y listas verdes y color crema en las hojas. De vez en cuando ha habido cierto alarmismo sobre la diefembaquia «letal» (principalmente en la década de 1990, cuando se vio que la planta crecía en la sede del poder político británico en Westminster), pero si se toman algunas precauciones se puede vivir en armonía con esta preciosa planta de maceta. Siempre y cuando no se dañe la planta, si se roza el follaje no debería producirse ninguna reacción, aunque se recomienda ponerse guantes para trasplantarla y manipular especímenes domésticos. Los envenenamientos suelen producirse cuando las mascotas o los niños mastican la planta. A veces, las víctimas involuntarias se han envenenado al confundir los robustos tallos con cañas de azúcar. Si magulla las hojas, un olor a almizcle o a mofeta le alertará de la confusión. En ese caso, lávese inmediatamente la piel que ha estado en contacto con la planta.

COCA

Nombre en latín	Familia	Nativa de
Erythroxylum coca	*Eritroxiláceas*	*Bolivia, Brasil, Colombia, Ecuador y Perú*

Dos productos de fama internacional provienen de la planta de la coca: una droga, la cocaína, y un refresco, la Coca-Cola. Sin embargo, la planta no es tan conocida. Aun así, desde hace al menos ocho mil años, los habitantes de Sudamérica la cultivan porque es muy apreciada como estimulante, remedio natural y planta sagrada para la adivinación y la curación. Ha sido en el último siglo cuando el tráfico internacional de cocaína se ha convertido en el último destino de la mayoría de las plantas cultivadas en Sudamérica, lo que ha causado inmensos daños medioambientales, económicos y sociales, en concreto a los pueblos indígenas del continente.

La coca es un arbusto de hoja perenne de 2 a 3 metros de alto con flores de color verde blanquecino seguidas de frutos (o drupas, para ser botánicamente precisos) escarlatas. El nombre «coca» deriva de la palabra quechua que designa la planta, *kúka*. Este término comprende distintas variedades que han surgido tras miles de años de cultivo, como la *E. coca var. coca*, la coca boliviana, y la *E. coca var. ipadu*, la coca amazónica, así como otra especie del mismo género, la *Erythroxylum novogranatense* o coca colombiana. Estas plantas prefieren suelos bien drenados y suelen cultivarse en laderas, en bancales para impedir la erosión del suelo, pero también pueden crecer en claros de bosque y fondos de valles.

Tradicionalmente, las hojas de coca se mastican o, mejor dicho, se chupan, aunque hay quien también prepara una infusión con ellas, el mate de coca. Las hojas de la planta se cosechan y, antes de consumirse, se secan, ya sea al sol, al horno o en un fuego de leña. Después, las hojas secas se humedecen con la lengua, se enrollan en forma de bola o acullico y se empujan a un lado de la boca, donde se tienen alrededor de una hora antes de escupirlas. Las hojas de coca saben a hierba, pero el sabor preciso depende de la forma de secarlas, el suelo y el clima de

Anuncio del vino tónico y reconstituyente Coca des Incas de la década de 1890.

la zona, y la variedad utilizada, como sucede con las variedades de uva. La coca para mascar suele tomarse con otras sustancias. Casi siempre se ha combinado con cal en polvo obtenida de piedra caliza, valvas o huesos quemados; plantas reducidas a ceniza o, en la era moderna, bicarbonato sódico. La cal no solo contrarresta el amargor de la coca, sino que también potencia la absorción de los ingredientes activos. Es una parte tan importante del ritual de la coca, que los recipientes utilizados para guardar la cal en polvo, hechos de materiales tan diversos como calabazas secas u oro macizo, son auténticas obras de arte.

El mascado de coca es una antigua costumbre. En un yacimiento del norte de Chile se encontraron acullicos de coca en las mejillas de restos momificados datados en el 50 a. e. c. A veces, las hojas se mezclan con tabaco u otras plantas autóctonas, como corteza de la liana chamairo (*Mussatia hyacinthina*) y hojas de anisillo (*Tagetes pusilla*). Las hojas de coca mascadas actúan como un estimulante suave que empieza a actuar en el sistema nervioso transcurridos unos minutos, cuando aumenta la energía y suprime el hambre y la sed. Las personas que realizan trabajos físicos extenuantes, como los mineros, así como las

59

que realizan largos viajes, suelen mascar hojas de coca para subsistir, y también son un remedio para el mal de altura. Asimismo, las hojas de coca son un remedio natural para problemas digestivos como indigestión, diarrea y úlceras estomacales, y para el dolor de cabeza y de muelas y los dolores reumáticos.

La coca contiene al menos 19 alcaloides tropánicos, incluida la infame cocaína, que se concentra en las hojas. La cocaína eleva los niveles del neurotransmisor dopamina, que provoca euforia, además de ser un anestésico local. Cuando la cocaína se toma en forma de droga, ya sea esnifada, fumada o inyectada, tiene un impacto distinto que cuando se mascan las hojas de coca. El cuerpo absorbe mucha más cocaína, por lo que la euforia se acompaña de pérdida de control, aumento de la frecuencia cardiaca, ansiedad, paranoia, dilatación de las pupilas y agitación. Su consumo es sumamente adictivo, y los cocainómanos tienen más riesgo de padecer otros síntomas, como problemas de salud mental, daños en el cerebro y el corazón, y pérdida de calidad de vida.

La investigación de las ventajas y los inconvenientes potenciales del consumo de hojas de coca se han frenado porque son el origen de una droga tan peligrosa como la cocaína. Sin embargo, las hojas de coca se enumeran junto a la cocaína en la Convención Única sobre Estupefacientes de 1961, a pesar de las presiones de los países sudamericanos para suprimirlas.

Cuando los españoles empezaron a colonizar Sudamérica en 1532, el consumo de coca se condenó como demoniaco y se suprimió. Pero era un cultivo tan valioso que poco a poco se mercantilizó, y los españoles no tardaron en darse cuenta de que sus trabajadores indígenas eran más productivos si masticaban coca. A lo largo de los siglos siguientes, la coca empezó a recomendarse por todo el mundo como una panacea para todas las enfermedades. En la década de 1850, el médico italiano Paolo Mantegazza investigó el efecto de las hojas en el cuerpo humano y, en 1860, el químico alemán Albert Niemann aisló la cocaína de la planta por primera vez. Fue el químico francés Angelo Mariani quien empezó a infusionar hojas de coca en vino de Burdeos para crear un tónico fortificado (el equivalente del siglo XIX de las bebidas energéticas actuales) llamado Vin Mariani o, sin abreviar, Vin Tonique Mariani à la Coca de Pérou. Se comercializó como remedio para todo, de la gripe a la malaria, y lo promocionaron figuras tan destacadas como el papa León XIII, que llegó a protagonizar un anuncio de la bebida. Su éxito dio lugar a imitaciones, como la Coca des Incas y el Vin des Incas, pero hubo una que, con el tiempo, conquistaría a todo el mundo.

Grabado de unas recolectoras de hojas de coca en Bolivia (1867).

En la década de 1880, salió a la venta el French Wine Coca («vino de coca francés») del farmacéutico estadounidense John Pemberton que, además de hojas de coca, contenía extracto de nueces de cola (del fruto del árbol africano *Cola acuminata*) y damiana (*Turnera diffusa*). Posteriormente, se reformuló como un refresco con gas de resultas de las nuevas leyes que prohibían la venta de alcohol y se vendió como un tónico para el cerebro, que se convirtió en la bebida que hoy conocemos como Coca-Cola. Pemberton vendió sus derechos de la bebida en 1888 por 1750 dólares y murió ese mismo año. En la misma época, en Austria, Sigmund Freud, conocido como «el padre del psicoanálisis», se interesó por la cocaína y experimentó ampliamente con la droga. En 1885, publicó un artículo titulado «Über Coca» que recogía desde la historia de la planta de la coca hasta sus efectos en los humanos. Al parecer, Freud dejó la cocaína a mediados de la década de 1890, cuando comenzó a haber cada vez más evidencias de las cualidades adictivas de la droga y más muertes por sobredosis. La cocaína empezó a prohibirse a finales del siglo XIX, pero, actualmente, la Coca-Cola aún contiene extractos de hoja de coca descocainizada.

61

ÁRBOL DE LA MUERTE

Nombre en latín	Familia	Nativa de
Hippomane mancinella	*Euforbiáceas*	*De los cayos de Florida al Caribe, de México a Venezuela, y las islas Galápagos*

Durante la Segunda Guerra Mundial, los soldados estadounidenses que defendían el canal de Panamá se pusieron a cavar trincheras en una playa del océano Pacífico y a cortar ramas de los árboles para camuflar su posición. Poco después, 60 hombres empezaron a manifestar trastornos cutáneos graves y ardor en los ojos. Cuando los otros soldados utilizaron hojas del mismo árbol como papel higiénico y se guardaron los frutos que daba en los bañadores, sus partes bajas se les llenaron de ampollas que les causaron tanto sufrimiento que cuesta imaginar.

El árbol de la muerte es tan tóxico que tiene el récord Guinness del árbol más peligroso. Pertenece a la familia de las euforbiáceas, de la que forman parte muchas plantas que son desagradables de manipular. Si alguna vez ha magullado las hojas de una flor de Pascua (*Euphorbia pulcherrima*), sabrá que la savia que produce puede dejar marcas dolorosas en la piel. Sin embargo, un encuentro con el árbol de la muerte puede resultar muchísimo peor. La savia tóxica que rezumaba de los cortes de la corteza cayó sobre los soldados que se sentaron en las trincheras bajo las ramas del árbol. Este látex lechoso está presente en todas las partes de la planta, y es tan fuerte que basta refugiarse debajo de la misma cuando arrecia la lluvia para que ocasione heridas graves, puesto que las gotas de lluvia absorben la savia. La quema de la madera también genera un humo tóxico que provoca problemas respiratorios, dermatitis y dolor de cabeza. Las toxinas se conocen como compuestos diterpenos, incluido el forbol, son solubles en agua (de ahí el riesgo de la lluvia) y hacen que la piel tenga una reacción violentamente inflamatoria.

Los bañistas desprevenidos del Caribe y Centroamérica aún son víctimas de los peligros ocultos del árbol de la muerte. No hay nada

en él que advierta del riesgo que entraña. El árbol de hoja perenne, de corteza gris, suele crecer cerca de las playas, justo por encima de la línea de pleamar. Alcanza los 15 metros de alto y ayuda a aglutinar la tierra y prevenir la erosión. Sus frutos recuerdan a pequeñas manzanas silvestres verdes y parecen inofensivos, por no decir tentadores. Las personas que los encuentran entre los mangos o los cocos caídos asumen que también son comestibles, porque tienen un olor y un sabor dulces, al menos, al principio. En las zonas turísticas se suelen poner señales de la calavera y los huesos cruzados, o se marcan los árboles con cruces o bandas rojas que advierten a los turistas de que no se acerquen. En algunos lugares han optado por la erradicación, como en el sur de Florida, donde el árbol de la muerte es una especie amenazada porque los ejemplares se desenterraron para proteger a los foráneos.

La médica londinense Nicola H. Strickland descubrió la gravedad del envenenamiento por árbol de la muerte cuando dio un mordisco a un fruto caído en una playa de la isla caribeña de Tobago. En un artículo publicado en *The British Medical Journal* en 2000, Strickland escribió que enseguida notó «una sensación ardiente y desgarradora, y opresión en la garganta», seguidas de hinchazón de garganta y dolor en los ganglios linfáticos del cuello. Los síntomas principales de la exposición externa al fruto, la savia u otras partes de la planta son los de la dermatitis (piel enrojecida e hinchada, sarpullido y ampollas), y se tratan como quemaduras de segundo grado. Hoy día no existe constancia de muertes a causa del envenenamiento por árbol de la muerte, pero hay crónicas antiguas de personas que ataban a sus enemigos a uno de estos ejemplares cuando llovía torrencialmente para torturarlos.

Como es natural, los peligros del árbol de la muerte son bien conocidos por las personas que viven en su lugar de origen. Se sabe que algunos pueblos indígenas del Caribe lo utilizaban como veneno para flechas y para envenenar el abastecimiento de agua de sus enemigos. Al parecer, al explorador español Juan Ponce de León lo mató una de estas flechas en 1521, durante una batalla contra el pueblo indígena de la Florida actual. A lo largo de la historia, la población autóctona ha puesto en práctica varios remedios tradicionales contra el árbol de la muerte, como bañarse enseguida en el mar para eliminar la savia (lo que aún es una buena idea cuando no se dispone de asistencia sanitaria cerca); aplicar cataplasmas hechas con arruruz (*Maranta arundinacea*), jugo de roble blanco (*Tabebuia heterophylla*) e higuerón (*Ficus citrifolia*), y extender zumo de lima en la piel para evitar quemaduras. Paradójicamente, con la madera del árbol de la muerte se hacen muebles con un acabado similar a la madera de nogal, aunque los artesanos tienen que tomar precauciones para evitar inhalar el serrín durante el proceso de fabricación.

UN MANJAR PARA ALGUNOS

Aunque conlleva un riesgo considerable para los humanos, el árbol de la muerte es una fuente de alimento para muchos animales, incluidos los galápagos y las iguanas negras, que a veces se acomodan en sus ramas. Al cangrejo azul terrestre también le gusta, pero, a su vez, los humanos se lo comen a él. Por ello hay que evitar consumir este tipo de cangrejos si hace poco que se han atiborrado de árbol de la muerte, puesto que se tiene constancia de la aparición de úlceras en el estómago después de comérselos.

PEYOTE

Nombre en latín	Familia	Nativa de
Lophophora williamsii	*Cactáceas*	*Texas, Estados Unidos y México*

La mayoría de los cactus viven en lugares áridos y han evolucionado para almacenar agua en sus voluminosos cuerpos sin hojas. Defienden esa valiosa reserva de humedad con afiladas espinas que impiden que los animales den buena cuenta de ellos. No es el caso del peyote, uno de los pocos cactus que no tiene espinas, pero sí muchas otras estratagemas para disuadir a los herbívoros. Es el iceberg del mundo vegetal porque, aunque se ve globular desde arriba, la gran mayoría de sus tejidos están ocultos bajo tierra, en forma de raíz primaria alargada en forma de zanahoria, por lo que lo único que sobresale es la corona en forma de acerico. Su coloración verde grisácea es lo bastante parecida al terreno rico en piedra caliza que lo rodea para que pase aún más desapercibido, pero su última capa de protección viene del cóctel de sustancias químicas que amargan tanto que disuaden a la mayoría de los animales al primer bocado.

Pese a sus dotes de camuflaje, los humanos de las tribus indígenas mexicanas, incluidos los tarahumaras y los wixárikas (o huicholes), han forjado una relación compleja e íntima con el peyote como enteógeno, es decir, una planta sagrada valorada por sus sustancias psicoactivas, utilizada en la búsqueda de iluminación espiritual. La datación por carbono de los «botones» (el nombre que reciben las coronas recolectadas del peyote) hallados en yacimientos arqueológicos de México revelan que los pueblos indígenas han consumido este cactus al menos durante 5700 años. El término peyote tiene su origen en la palabra *peyōtl* de la lengua mexicana náhuatl, que significa «reluciente», pero a veces también se traduce como «mensajero divino». Normalmente se mastica o se remoja en agua para consumirlo como bebida en el transcurso de una intrincada y larga ceremonia nocturna en la que los participantes creen que los pone en contacto con lo divino. El peyote también ha tenido varias aplicaciones en la medicina indígena norteamericana, incluido como remedio de infecciones y mordeduras

66

1. *Echinopsis aurea*
2. *Copiapoa coquimbana*
3. *Lophophora williamsii*
4. Planta en flor de este último

de serpientes y escorpiones. Para recolectar los botones de peyote, el cactus se corta con cuidado por la base de la corona, normalmente a ras de suelo, pero justo por encima de la raíz para que la planta pueda regenerarse con el tiempo. Después, los callos de la planta cortada rebrotan y suelen dar ramilletes de coronas, algunas de un metro de ancho. Sin embargo, si el corte se hace demasiado profundo en la raíz, la planta entera morirá.

Este cactus crece en los matorrales desérticos del sur de Texas, cerca del río Grande, y en el norte de México. El peyote es de crecimiento lento, y las plantas tardan entre 10 y 30 años en alcanzar la madurez. Están camufladas buena parte de su vida, salvo el breve periodo estival en el que dan flores blancas o rosas parecidas a las margaritas. En invierno, pierde agua y se deshincha, con lo que queda aún más cerca del suelo, donde a veces queda parcialmente oculto hasta que las condiciones mejoran. El peyote suele quedar aún más oculto por el dosel de las plantas nodrizas que le proporcionan protección del calor y el sol extremos de las regiones donde vive, como el arbusto de la creosota (*Larrea tridentata*), el arbusto sangre de drago (*Jatropha dioica*) y la suculenta de gran tamaño lechuguilla (*Agave lechuguilla*).

El peyote contiene muchos alcaloides, y el alucinógeno principal es la mescalina (que no hay que confundir con el mezcal, una bebida alcohólica que se obtiene por destilación del agave, una suculenta). La mescalina actúa en los receptores de serotonina del cerebro e induce una serie de experiencias psicodélicas que pueden comenzar a las dos horas de su consumo y durar hasta 12 horas, como euforia y alucinaciones auditivas y visuales que, a menudo, consisten en un vívido caleidoscopio de colores que se refleja en el vibrante arte geométrico de los wixárikas. Estas visiones suelen estar precedidas de náuseas y vómitos, junto con otros síntomas físicos, como dilatación de las pupilas, sudoración, debilidad muscular y aumento de la frecuencia cardiaca y la tensión arterial, así como dolores de cabeza.

A partir del siglo XVI, los Europeos que llegaron al Nuevo Mundo quedaron fascinados y horrorizados a partes iguales por el peyote, al

El arte vibrante de los wixárikas (o huicholes) refleja las coloridas alucinaciones inducidas por el consumo de peyote.

que demonizaron como «raíz diabólica», y la Inquisición española prohibió su uso en 1620. Sin embargo, las prácticas basadas en esta planta se extendieron lejos del hábitat nativo de la planta, al principio a otros pueblos indígenas de Norteamérica y, más adelante, a personas de todo el mundo que buscaban su propio despertar espiritual. A mediados del siglo XX, la mescalina se convirtió en la droga de cabecera de la subcultura estadounidense, conocida como *beat generation* y representada por Jack Kerouac y William S. Burroughs, entre otros. En 1954, el escritor inglés Aldous Huxley publicó *Las puertas de la percepción*, en el que sus experiencias con la mescalina inspiraron aún más el acopio y el consumo del peyote por parte de personas no indígenas para sus propios fines.

El uso del peyote se prohibió por ley gubernamental en Estados Unidos en 1965 y, en Estados Unidos y México, en 1971, aunque ahora hay excepciones para determinados grupos indígenas que lo consideran fundamental para su práctica espiritual. El más numeroso es la Iglesia nativa americana, sincretismo entre el cristianismo y la religión nativa, que cuenta con unos 300 000 miembros en Estados Unidos, Canadá y México. Algunos científicos creen que el peyote podría utilizarse de forma positiva para tratar a las personas que padecen problemas de adicción de alcohol y drogas, y los estudios realizados entre los indios americanos han descubierto que, en general, no es adictivo y se tiene constancia de muy pocas muertes debido a su consumo. Pero, el riesgo peligroso e involuntario del daño físico y psicológico causado por el consumo de peyote, especialmente cuando se arranca del contexto de una larga historia de usos rituales y religiosos, significa que otros países también han decidido prohibir la posesión de esta planta, mientras que en otros sigue siendo perfectamente legal.

Lamentablemente, el llamado «turismo psicodélico» sigue ejerciendo presión sobre las poblaciones de peyote que ya están amenazadas por la construcción y la alteración del hábitat con el arado de las raíces para convertir el matorral desértico en pastizales. La Lista Roja de Especies Amenazadas de la UICN clasifica la especie como vulnerable, y tanto el Gobierno estadounidense como el mexicano la consideran especie protegida. Algunos expertos en conservación de cactus están trabajando para popularizar otra especie que también es rica en mescalina, el San Pedro (*Trichocereus macrogonus var. pachanoi*), como alternativa al peyote. Este cactus de porte columnar crece mucho más deprisa, no se considera amenazado y es más fácil de hibridar.

UNA ESTRELLA AMENAZADA

La sobrerrecolección de peyote también ha dejado malparadas las poblaciones de otra especie similar, el cactus estrella (*Astrophytum asterias*), que los recolectores de peyote suelen confundir con este, aunque no contiene ninguna de sus cualidades alucinógenas. En consecuencia, y con las mismas amenazas para su hábitat que sufre el peyote, el UICN también la considera una especie vulnerable.

71

TABACO

Nombre en latín	Familia	Nativa de
Nicotiana tabacum	*Solanáceas*	*Sudamérica*

Si ha estado hojeando este libro en busca de la planta más letal, ya la ha encontrado. La planta del tabaco mata a más de ocho millones de personas al año, tanto a fumadores como a fumadores pasivos.

Desde siempre, quien se lleva la peor parte de los efectos nocivos del tabaco es la población pobre y marginada: 1250 millones de personas de todo el mundo consumen tabaco y un 80 % de ellas vive en países de renta media y baja. La producción de tabaco también repercute negativamente en el planeta. Para obtener un solo cigarrillo se necesitan 3,7 litros de agua, y el cultivo del tabaco monopoliza la tierra en la que podrían cultivarse alimentos. No es de extrañar que el historiador científico estadounidense Robert N. Proctor dijera que el cigarrillo es «el artefacto más mortífero de la historia de la civilización humana».

A lo largo de los últimos dos siglos, la planta del tabaco ha sido objeto de un intenso estudio científico, principalmente por ser un producto comercial muy lucrativo, lo que significa que siempre había dinero para investigar. Actualmente se cultiva comercialmente en más de 120 países y ocupa más de cinco millones de hectáreas de terreno, pero los mayores productores son China, Brasil, India e Indonesia.

El tabaco fue la primera especie vegetal que se modificó genéticamente en 1983, y los seleccionadores han creado más de mil variedades para satisfacer a los distintos tipos de fumadores, incluidos cigarrillos, pipas, pipas de agua (narguiles) y puros, así como a los consumidores del tabaco para mascar, el tabaco rapé y el *snus* (un tipo de tabaco sueco que se coloca entre la encía y el labio superior).

Pese a todo este trabajo, los orígenes botánicos de la planta del tabaco no han empezado a comprenderse hasta hace poco. El tabaco es lo que los botánicos denominan un cultígeno, es decir, una especie que se ha adaptado a través de los miles de años de cultivo por parte

de los humanos, hasta el punto de que ya no quedan especímenes auténticamente silvestres. La teoría más reciente es que la planta se originó en las laderas orientales de los Andes, en o cerca de la Bolivia o el norte de la Argentina actuales, hace unos 200 000 años como un híbrido de otras dos especies de *Nicotiana*, la *N. tomentosiformis* y la *N. sylvestris*, actualmente una popular planta ornamental.

El tabaco es una planta perenne de 1 a 2 metros de alto. Sus hojas ásperas son necesariamente grandes, puesto que es la parte que se recolecta, se cura y se transforma para su comercialización. Normalmente se evita la floración, para lo cual se eliminan los capullos para que la planta concentre la energía en el preciado follaje. Las plantas no son mucho más cosmopolitas que esto: el tabaco prospera en climas templados, subtropicales y tropicales, y en todo tipo de suelos, orientaciones, altitudes y tipos de iluminación. Dada su adaptabilidad, y la enorme cantidad de semillas minúsculas que produce cuando se deja florecer (en torno a tres mil en cada cápsula, de las cuales cada planta produce docenas), no sorprende que se haya convertido en una planta invasora en Cuba, Australia, Nueva Zelanda y Japón.

El uso de plantas de tabaco, tanto la *Nicotiana tabacum* como su pariente, la *N. rustica*, entre los pueblos de América es anterior a la historia escrita. Los arqueólogos han descubierto evidencias de su uso en Utah (Estados Unidos) que se remontan a más de 12 000 años atrás. Tenía aplicaciones muy diversas, desde rituales culturales hasta prácticas religiosas, usos recreativos y medicina tradicional. Los pueblos indígenas de América aún utilizan el tabaco en ceremonias tradicionales y como remedio natural, de una manera muy distinta a la producción comercial de cigarrillos.

En cuanto los Europaos comenzaron a llegar al continente en cantidades significativas, a

Recolectores en una plantación de tabaco de Rodesia (actual Zimbabue). Fotografía tomada entre 1890 y 1925.

partir de la célebre visita de Cristóbal Colón en 1492, el tabaco empezó a extenderse por todo el mundo. En Europa se consideraba ante todo una planta milagrosa para tratar todo tipo de enfermedades, aunque, ya en el siglo XVI, la profesión médica empezó a debatir las ventajas y desventajas de fumar. El médico Eleazer Duncan escribió que el tabaco era «tan hiriente y peligroso para la juventud (…) que era igual de conocido por el nombre "la perdición de los jóvenes" como por el nombre "tabaco"». A mediados del siglo XVII, el tabaco, junto con el azúcar y el algodón, se afianzó como una pieza clave del comercio

Litografía coloreada de la planta del tabaco (centro), las flores (arriba) y las semillas (abajo), rodeadas de seis escenas que ilustran sus aplicaciones. De arriba abajo, a la izquierda, secado, comercialización y fumadores de puro y pipa; a la derecha: consumidores de rapé, sir Walter Raleigh e indios americanos fumando.

triangular de esclavos, que consistía en vender productos de Europa para comprar esclavos en la costa africana y transportarlos por el Atlántico para trabajar en las plantaciones. La esclavitud trasatlántica se abolió en el siglo XIX, pero los activistas aseguran que los productores de tabaco actuales aún explotan a los agricultores de todo el planeta como una forma de esclavitud moderna que los atrapa en la pobreza.

La composición química de la planta del tabaco es compleja. Contiene nicotina y otras más de 2500 sustancias químicas, una cantidad a la que hay que sumar otras 4000 cuando se quema. La nicotina es un alcaloide adictivo que los químicos alemanes Wilhelm Heinrich Posselt y Karl

Ludwig Reimann aislaron por primera vez en 1828. En pequeñas cantidades, la nicotina es un estimulante, pero en dosis superiores ejerce un efecto depresivo en el cuerpo humano. El consumo de tabaco aumenta el riesgo de cáncer y trastornos crónicos como la enfermedad cerebrovascular, la cardiopatía coronaria y las enfermedades respiratorias. No fue hasta las décadas de 1940 y 1950 cuando los científicos confirmaron la relación entre el consumo de tabaco y el cáncer, pero hizo falta mucho más tiempo para que la industria tabaquera y la clase médica lo aceptaran. Actualmente, las tasas de consumo van a la baja, y la Organización Mundial de la Salud calcula que uno de cada cinco adultos en todo el mundo consume tabaco hoy día, mientras que en 2000 eran uno de cada tres. En consecuencia, se ha empezado a investigar para encontrarle otros usos, como plantas modificadas genéticamente para potenciar su capacidad para eliminar la contaminación del suelo, la llamada fitorremediación. Además, los científicos investigan el potencial del tabaco como biocombustible por su gran cantidad de biomasa y el alto contenido en aceite de sus semillas.

HIEDRA VENENOSA

Nombre en latín	Familia	Nativa de
Toxicodendron radicans	*Anacardiáceas*	*Norte y Centroamérica*

La mayoría de los estadounidenses conocen muy bien el dicho «hojas de tres, déjalas correr», y, sin embargo, la planta a la que hace referencia esta regla mnemotécnica sigue siendo la causa de unos 350 000 casos de dermatitis alérgica de contacto anuales en Estados Unidos. La hiedra venenosa y sus parientes de la familia del anacardo —la hiedra venenosa occidental (*Toxicodendron rydbergii*), el roble venenoso del Pacífico (*Toxicodendron diversilobum* y *T. pubescens*) y el zumaque venenoso (*Toxicodendron vernix*)— no contienen, al menos técnicamente, veneno. ¿Por qué representan entonces una amenaza? Su savia es rica en una sustancia oleosa llamada urushiol, que se libera cuando se daña la planta. El urushiol se vuelve negro cuando entra en contacto con el oxígeno del aire y se solidifica en forma de una laca que cuesta eliminar; probablemente por eso antiguamente se utilizaba como tinte de tejidos para marcar la ropa blanca.

La parte positiva es que es poco probable que la hiedra venenosa lo mate. Hay constancia de algunas muertes, pero, en esos casos, las víctimas inhalaron el humo de la quema de las plantas y desarrollaron graves problemas respiratorios. Cuando el urushiol entra en contacto con la piel humana tras tocar la planta, se absorbe rápidamente, pero puede tardar un tiempo en provocar una reacción exagerada del sistema inmunitario ante esta sustancia extraña. El problema es que, a menudo, las personas no son conscientes de que se han expuesto al urushiol hasta que la piel empieza a picarles. Puede depositarse en el pelaje de los animales de compañía, los guantes y las herramientas de jardinería, y la ropa, e incluso las plantas que llevan muertas desde hace mucho pueden provocar una reacción, por lo que no siempre resulta obvio el origen del problema. Un sarpullido enrojecido que pica puede durar entre dos y seis semanas, seguido de la aparición de ampollas llenas de líquido, inflamación y, en casos raros, manchas negras en la piel.

La dermatitis alérgica por contacto causada por urushiol activa las proteínas que provocan una reacción alérgica; entre un 80 y un 90 % de la población está afectada, y solo unos afortunados serán inmunes. Cada vez que se interactúa con el urushiol se produce una mayor reacción inmunitaria, por eso incluso hay personas que son inmunes hasta que, de un día para otro, sufren una reacción alérgica.

Aparte de lo que los médicos suelen llamar «la tintura del tiempo», existen numerosos remedios caseros para tratar «la exquisita tortura de ese sarpullido que hace enloquecer de picor», en palabras de la experta en hiedra venenosa Anita Sánchez. El factor tiempo es fundamental: lo más pronto posible después del contacto, la piel debería frotarse con jabón y agua fría para eliminar al máximo el urushiol, que la piel absorberá en 10 a 30 minutos. Hay quien asegura que el aire del secador de pelo alivia el picor, mientras que aplicar compresas frías y húmedas, una crema con cortisona o una loción de calamina también ayuda. En casos graves, mejor acudir al hospital. El consumo de otros miembros de la familia del anacardo, como el mango, para desensibilizarse no parece efectivo. Un remedio tradicional que empleaban los indios americanos consistía en frotar la piel con balsamina naranja (*Impatiens capensis*), otra planta autóctona muy abundante, aunque los ensayos científicos aún no han discernido si esto tiene un efecto beneficioso.

La exposición a la hiedra venenosa constituye un riesgo laboral para jardineros, guardas forestales y otros profesionales que trabajan al aire libre. Afortunadamente, ha habido ciertos progresos para burlar los efectos de esta planta. Se han desarrollado productos dermatológicos que cubren la piel e impiden, o, al menos, mitigan, la absorción de urushiol. Naturalmente, la mejor opción es evitar la hiedra venenosa. El problema es que la regla de las «hojas de tres» es demasiado vaga, puesto que la mayoría de estas hiedras cuentan con hojas compuestas formadas por al menos tres foliolos, pero hay muchas especies parecidas, como la parra virgen (*Parthenocissus quinquefolia*), el negundo (*Acer negundo*) y la zarzamora (*Rubus fruticosus*). Además, la hiedra venenosa es una planta camaleónica que puede verse distinta según el lugar donde esté. En una región podría adoptar la forma de una cubierta vegetal de hojas alargadas y satinadas, mientras que en otra podría ser una fornida trepadora de hojas mates y tallos de 7 centímetros de ancho.

Con todo, no podemos olvidar la función de las plantas venenosas en el ecosistema. La hiedra venenosa es un alimento habitual de los pájaros, que ayudan a diseminar las semillas al comérselas, además de proporcionar comida a numerosos insectos y algunos mamíferos, incluido el ciervo cola blanca, puesto que a ninguno de ellos les afecta el urushiol. Además, es una planta útil en zonas como las dunas, donde aglutina el frágil suelo y ayuda a evitar la erosión.

Finalmente, conviene destacar que la savia de una especie hermana de la hiedra venenosa, el árbol de la laca (*Toxicodendron vernicifluum*), también contiene *urushiol*, pero en China, Corea y Japón este producto se recolecta desde hace generaciones para transformarlo en una laca muy resistente que se utiliza para revestir muebles, platos y otros objetos decorativos. De hecho, urushiol viene de urushi, que significa «laca» en japonés, y la sustancia fue descubierta por el científico japonés Rikō Majima a principios del siglo XX.

UN NOMBRE MALVADO

La hiedra venenosa da nombre a un popular personaje del universo de DC Comics. La botánica convertida en terrorista Hiedra Venenosa, que apareció por primera vez en el número 181 de *Batman* en 1996, es capaz de manipular las plantas con la mente.

Probablemente le encantaría saber que los científicos predicen que, en las próximas décadas, la hiedra venenosa será más abundante y cada vez más tóxica a consecuencia del aumento de los niveles de dióxido de carbono originado por el cambio climático.

FALSO ELÉBORO

Nombre en latín	Familia	Nativa de
Veratrum californicum	*Melantiáceas*	*Oeste de Estados Unidos y México*

Si tiene alguna duda del poder de las plantas, la lúgubre pero inspiradora historia del falso eléboro debería terminar de convencerle. Empieza en Idaho, Estados Unidos, a finales de la década de 1950, cuando los dueños de ganado ovino se devanaban los sesos por un problema angustioso. Hasta una cuarta parte de sus corderos nacía con una serie de malformaciones terribles, como paladar hendido, labio leporino, hidrocefalia y, lo más inquietante, ciclopía, un solo ojo mal formado en medio de la cabeza, como los personajes de la mitología griega.

Los ganaderos se pusieron en contacto con investigadores del Gobierno para que dieran con la raíz del problema, y estos llegaron a la conclusión de que, posiblemente, las malformaciones se debían al falso eléboro. Descubrieron que los años de sequía en los que escaseaban las habituales plantas forrajeras de las ovejas, los animales subían a las montañas en busca de plantas para comer y allí encontraban el falso eléboro. Aunque no presentaban ningún problema de manera inmediata, las ovejas que habían consumido esta especie en la segunda o la tercera semana de gestación tuvieron corderos con malformaciones.

El falso eléboro prospera en suelos húmedos, principalmente las montañas de los Estados del oeste de Norteamérica, desde Washington hasta Nuevo México y, en dirección sur, hasta el norte de México. Sus hojas plisadas brotan a través de la nieve derretida en primavera y van expandiéndose hasta alcanzar los 2,5 metros de alto. Florece a mediados de verano, cuando es digno de ver porque suele formar grandes grupos, con enormes ramilletes de flores de color crema y verde en forma de estrella. La planta vuelve a morir en

invierno y solo conserva un rizoma subterráneo, y el crecimiento de nuevos rizomas también es su forma de colonizar poco a poco nuevos territorios. De resultas de la investigación del Gobierno, los ganaderos fueron conscientes de que debían mantener las ovejas preñadas lejos de esta planta, pero los científicos tardaron muchos años en desentrañar exactamente por qué el falso eléboro tenía un impacto tan devastador en los animales.

El género *Veratrum* está formado por muchas plantas que son muy ricas en numerosos alcaloides. Varias de ellas se han utilizado con fines médicos, como el falso eléboro negro (*Veratrum nigrum*), que crece en Centroeuropa y China, donde se conoce como *li lu* y tiene muchos usos en la medicina tradicional china, incluido como emético y como antiparasitario contra piojos. Se tiene constancia de que los indios americanos también daban varios usos medicinales al falso eléboro, que aplicaban tópicamente para curar heridas, golpes y llagas, y como anticonceptivo.

A lo largo de dos siglos, los científicos han desentrañado la química de los alcaloides del género *Veratrum*, pero la incidencia de los corderos deformes de Idaho los llevó a analizar la composición del falso eléboro en concreto. En la década de 1960, aislaron tres alcaloides teratogénicos: la ciclopamina, la cicloposina y la jervina. Estas sustancias produjeron malformaciones en los fetos, pero no estaba claro cómo. Hasta que, a principios de la década de 1980, los científicos descubrieron que podían desactivar un gen de la mosca de la fruta que afectaba al desarrollo de sus embriones, por lo que las larvas estaban cubiertas de protuberancias parecidas a púas, similares a las del erizo. Años de trabajo después, descubrieron la vía

84

de señalización de «Sonic el Erizo», llamada así por el personaje de videojuegos, que dicta el desarrollo embrionario no solo de la mosca de la fruta, sino también de otros animales y los humanos. Los alcaloides del falso eléboro interrumpían el mecanismo de este gen, lo que provocaba malformaciones en los corderos nacidos de las ovejas que lo habían consumido en el momento en que sus crías se desarrollaban en el útero.

Se tiene constancia de pocos casos de envenenamiento por falso eléboro en humanos, pese a que la planta a veces se confunde con muchas otras, como la col fétida (*Symplocarpus foetidus*) y el puerro silvestre (*Allium tricoccum*) comestible, que también tienen las hojas con pliegues que brotan del suelo en primavera y forman densas matas. Sin embargo, los síntomas de envenenamiento del falso eléboro en los humanos son los mismos que los de otras especies de *Veratrum*: vómitos; diarrea; sensación de ardor en oídos, nariz y garganta; hipotensión y otros problemas cardiacos, y pérdida de conocimiento. El riesgo es mucho más acusado en las embarazadas, debido a las sustancias teratogénicas.

Pese a su potencial tóxico, una vez los científicos han entendido cómo influye el alcaloide ciclopamina en la vía de señalización del erizo, han podido progresar hacia tratamientos efectivos para más de 20 tipos de cáncer, incluido el meduloblastoma, un tipo de tumor cerebral; el carcinoma de células basales (el tipo de cáncer de piel más común en Estados Unidos), y el cáncer de páncreas. Los científicos han descubierto que el mismo gen del erizo que controla nuestro desarrollo como fetos está generalmente latente en los adultos, pero se reactiva cuando determinados tumores cancerosos crecen. La ciclopamina se utiliza para desarrollar nuevos medicamentos que pueden ayudar a desactivar esta vía.

Al margen de su toxicidad, el *Veratrum californicum* se recomienda, como otras especies del mismo género, como planta decorativa para jardines, aunque la Royal Horticultural Society británica recomienda manipular las plantas con guantes.

85

EUROPA

De los bosques boreales de Escandinavia a los matorrales mediterráneos del sur de España, Portugal, Italia y Grecia, pasando por los prados de los Alpes, Europa es el hábitat de una gran variedad de plantas y hongos. La región alberga algunas de las especies venenosas más conocidas, muchas de las cuales han sido fundamentales a lo largo de la historia humana. Entre ellas se cuenta el cornezuelo (véase p. 116), un hongo responsable de los envenenamientos masivos que asolaron la Europa medieval, y el tejo (véase p. 156), fuente tanto de veneno como de madera para armas que se remonta a los orígenes de la historia escrita y probablemente antes.

87

ACÓNITO

Nombre en latín	Familia	Nativa de
Aconitum napellus	*Ranunculáceas*	*Europa occidental y central*

La historia del origen del acónito es tan violenta como tóxica es la planta. Según la mitología griega, brotó del perro de tres cabezas Cerbero, el guardián con cola de serpiente de las puertas del mundo subterráneo, cuando Hércules lo separó de Hades. Desde entonces, el acónito ha sido un arma letal en todo tipo de historias verídicas y de ficción, con la que se envenenaron desde la espada del *Hamlet* de Shakespeare hasta las balas que los agentes soviéticos usaron contra los nazis en la Segunda Guerra Mundial. No es de extrañar que esta planta se considere la «reina de los venenos».

El acónito es una de las casi trescientas especies del género *Aconitum* que viven en las regiones montañosas del hemisferio norte templado, la mayoría de las cuales son igual de tóxicas. La planta parece una espuela de caballero que ha hecho un pacto con el diablo con sus racimos de un metro de alto de flores azul eléctrico encapuchadas. Debido a la forma de las flores, que, en realidad, forman los sépalos de la flor, el acónito también se conoce como capucha de fraile o casco del diablo. En Estados Unidos, se denomina carro de Venus.

Pese a su toxicidad, el acónito es una popular planta ornamental de jardín que florece en verano y se vende en muchos centros de jardinería. No es fácil confundirlo con el acónito de invierno (*Eranthis hyemalis*), la planta tapizante de flores amarillas con la que no está del todo emparentada, aunque ambas pertenecen a la familia del ranúnculo y son venenosas.

Napellus significa «nabo» en latín, en referencia a las raíces tuberosas de la planta. Esta raíz, junto con las semillas, concentra la mayor parte de las toxinas, la principal de las cuales es la aconitina, una cardiotoxina y neurotoxina que puede entrar en el organismo por ingestión o heridas en la piel, y actúa rápidamente en las víctimas. Según el escritor romano Plinio el Viejo, una teoría sobre el nombre de la planta era que tenía el mismo potencial letal que la piedra de

afilar (*akone*): «Porque tiene el mismo poder para causar una muerte rápida que la piedra de afilar de dar filo a una cuchilla de hierro». Tal vez por eso Shakespeare hizo que Laertes envenenara con acónito la espada con la que mató a Hamlet.

Cuando se ingiere acónito, los síntomas de envenenamiento empiezan con una sensación de hormigueo y ardor en la boca, seguidos de vómitos y diarrea, entumecimiento y pérdida de visión, que progresan en ritmo cardiaco irregular, problemas respiratorios y, en los casos más graves, la muerte. Si se ingiere la cantidad suficiente, se pierde la vida en cuestión de minutos; basta consumir un solo gramo de la raíz para ratificar la sentencia de muerte.

A lo largo de la historia, una fina línea ha separado el uso de la aconitina como medicina y como veneno, ya fuera obtenida del acónito o uno de sus parientes, como el acónito indio (*Aconitum ferox*). No cabe duda de que el acónito se utilizaba para quitar de en medio a los delincuentes y a los poderosos en el Imperio romano. De hecho, se cree que fue el veneno con el que envenenaron al emperador Claudio. En la medicina tradicional, sus aplicaciones incluyen el tratamiento de dolor articular, fiebres, ciática, hipertensión y, mezclada con aceite y otras sustancias, se aplicaba externamente como linimento. Es un mal uso de este linimento lo que causa la muerte del padre de Leopold Bloom en el *Ulises* (1922) de James Joyce. La medicina china utiliza mucho varias especies de acónito y, actualmente, aún se producen muchos envenenamientos por tomar remedios preparados incorrectamente o mal dosificados.

El acónito también se conoce como matalobos, aunque este nombre también se atribuye al *Aconitum lycoctonum*: ambas plantas se mezclaban con carne como cebo para envenenar a los lobos. Los hombres lobo también se asocian con esta planta, aunque su aplicación no está del todo clara. Según algunas fuentes, el acónito se utilizaba para combatir la licantropía, mientras que otras apuntan a que ahuyentaba a los hombres lobo. Esta planta también se asocia a la magia. Según las guías de plantas mágicas modernas, llevar unas semillas de acónito envueltas en piel de lagarto encima dan el poder de la invisibilidad, y era un ingrediente habitual de los numerosos «ungüentos voladores» de las brujas (véase p. 109). Cuando las tres brujas del *Macbeth* de Shakespeare echan «diente de lobo» en el caldero, se refieren a esta planta, y a los lectores modernos les sonará el acónito por la pregunta que le hace el profesor Severus Snape a Harry Potter en la primera clase de pociones del Colegio Hogwarts de Magia y Hechicería.

A pesar de su toxicidad, el simple roce con la planta no debería causar ningún problema, aunque los horticultores recomiendan manipularla con guantes (hay que tener especial cuidado si se tienen heridas en la piel, que podrían acelerar la entrada de toxinas en el organismo) y mantenerla alejada de los niños y los animales de compañía.

En 2014, la prensa sacó a la luz los peligros del acónito cuando el jardinero Nathan Greenway murió por un fallo multiorgánico, por lo visto días después de tocarlo mientras arreglaba un jardín en Hampshire, Reino Unido. Al año siguiente, una investigación forense dejó abierto el veredicto puesto que no estaba claro que su muerte estuviera causada por la planta. Además del uso incorrecto o la mala dosificación de acónito de la medicina tradicional, las otras formas principales de envenenamiento accidental se deben a errores de identificación. Muchas personas han muerto al confundir el acónito con alguna planta comestible, al creer que las raíces eran rábanos (*Raphanus sativus*) o rábanos picantes (*Armoracia rusticana*), y utilizar las hojas en ensaladas e infusiones. El amargor de la planta es una clara advertencia de su toxicidad.

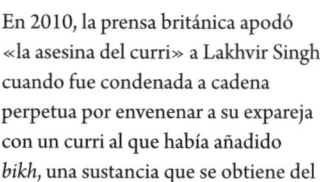

ASESINATOS CON ACÓNITO

En 2010, la prensa británica apodó «la asesina del curri» a Lakhvir Singh cuando fue condenada a cadena perpetua por envenenar a su expareja con un curri al que había añadido *bikh*, una sustancia que se obtiene del acónito indio. Fue el primer caso de envenenamiento por acónito llevado a juicio en Inglaterra desde 1882, cuando el médico estadounidense George Henry Lamson fue condenado a la horca por asesinar a su cuñado.

MATAMOSCAS

Nombre en latín	Familia	Nativa de
Amanita muscaria	*Amanitáceas*	*Hemisferio norte*

Pídale a cualquiera que dibuje una seta venenosa y lo más probable es que esboce un sombrero rojo con puntitos blancos sobre un pie de color hueso o, lo que es lo mismo, un matamoscas. Desde los cuentos de hadas hasta *Alicia en el País de las Maravillas*, pasando por *Los Pitufos* y *Super Mario*, este hongo ha llegado a muchas esferas de la cultura popular, pero su compleja relación con los humanos se remonta a miles de años atrás.

El matamoscas forma parte del centenar de especies de *Amanita*, algunas comestibles pero muchas mortales, incluida otra seta que aparece en este libro, el hongo de la muerte (véase p. 98). Crece en una vasta zona de paisajes templados y boreales del hemisferio norte, pero los micólogos (los estudiosos de las setas) creen que se originó en las regiones de Siberia y el puente de Beringia, el territorio que se formó durante la última glaciación y unía Asia con Norteamérica.

El matamoscas es un hongo micorriza, lo que significa que establece una relación especial con varios árboles: vive en sus raíces y envía sus cuerpos fructíferos alrededor de la base de los pinos, abedules, álamos temblones y píceas en verano y otoño. En las últimas décadas, ha ampliado su radio de acción y crece en el sur global, incluido Australia, Nueva Zelanda y África. ¿Cómo ha llegado hasta allí? Probablemente importado en las raíces de coníferas como el abeto de Douglas (*Pseudotsuga menziesii*) y, después, propagado a especies autóctonas de árboles, un motivo de preocupación puesto que podría desplazar especies de hongos nativas.

Su característico aspecto verrugoso se debe al velo universal, una fina capa que cubre toda la seta cuando es pequeña. A medida que la seta crece, el velo se rasga, pero los minúsculos fragmentos permanecen en su peculiar sombrero escarlata, aunque a menudo los dispersa la lluvia, en cuyo caso puede confundirse con otra Amanita que es comestible, el huevo de rey (*Amanita caesarea*).

Pero ¿hasta qué punto es venenoso el matamoscas? Como su nombre indica, se consideraba tóxico para las moscas. Ya en el siglo XIII, se utilizaba para atraer e incapacitar estos insectos, de ahí la segunda parte del nombre científico, muscaria, del latín musca, que significa «mosca». (En francés, el hongo se llama *tue-mouche*, que significa «papel matamoscas»). Las setas se remojaban o se cocían en leche y, después, el plato se dejaba fuera para que los insectos cayeran en la trampa.

En algunas regiones de Japón, el matamoscas se consideraba comestible, aunque tras someterlo a un meticuloso proceso de desintoxicación que solía conllevar el encurtido y la cocción. Aun así, la mayoría de las guías de setas aseguran con razón que esta especie es muy

Ilustración de sir John Tenniel de «Consejos de una oruga», de Alicia en el País de las Maravillas *(1865).*

tóxica y debería evitarse. Afortunadamente, las muertes causadas por matamoscas son relativamente pocas y poco frecuentes. Una fatalidad digna de mención se produjo en Estados Unidos en 1897, cuando el conde Achilles de Vecchi, un diplomático italiano, tomó un copioso desayuno a base de matamoscas, que había identificado erróneamente como huevos de rey. El conde, un hombre corpulento que pesaba más de 136 kilos, sufrió convulsiones tan violentas que rompió la cama y, al día siguiente, murió. Sin embargo, su compañero de desayuno, con el que compartió las setas, sobrevivió tras ser hospitalizado. La mala salud del conde fue uno de los factores de su muerte.

Las convulsiones son solo uno de los muchos síntomas del envenenamiento por matamoscas, que normalmente hace efecto entre unos minutos y unas horas después de su consumo. Las víctimas refieren distintas manifestaciones, como sensación de euforia, náuseas, ingravidez, discurso incoherente, sueño a menudo acompañado de

Litografía coloreada que representa 20 especies de hongos, incluidos el matamoscas, el hongo de la muerte y las especies Boletus y Agaricus. Hacia 1827.

pesadillas vívidas y alucinaciones visuales, y sobre todo una percepción de sí mismas o lo que les rodea extrañamente pequeño o grande. Aún no se conoce con detalle la composición química del matamoscas, pero sus compuestos psicoactivos principales son el ácido iboténico y el muscimol, que cruzan la barrera hematoencefálica y actúan de neurotransmisores que causan algunos de los síntomas indicados, según el individuo.

A lo largo de la historia, las civilizaciones, incluidos los pueblos indígenas de Siberia, han aprovechado el poder de alterar la conciencia del matamoscas con fines religiosos y recreativos. La costumbre de beberse la orina del chamán o el reno que habían consumido la seta puede sorprender a los lectores del siglo XXI, pero tiene una explicación, puesto que el proceso de digestión ayudaba a filtrar los ingredientes venenosos, pero dejaba activos suficientes alucinógenos para que el que se tomaba la orina experimentara una intoxicación secundaria. En Europa, sobre todo en Alemania, el matamoscas se consideraba un amuleto de buena suerte y un símbolo de fertilidad, además de asociarse con las hadas y otros seres mágicos. De hecho, tal como escribió el micólogo estadounidense David W. Rose: «Si hay un hongo rodeado de un aura y que acarrea la carga de misticismo, caos y mortalidad, sin duda es el *Amanita muscaria*». Después de leer acerca de las prácticas chamánicas siberianas relacionadas con el matamoscas, el escritor Lewis Carroll incluyó esta seta en *Alicia en el País de las Maravillas* (1865). Alicia se encuentra con una oruga sentada en una seta que, cuando la mordisquea por un lado la hace crecer y, cuando la muerde por el otro, la hace empequeñecer.

En el siglo XX, el banquero estadounidense convertido en escritor Robert Gordon Wasson se hizo famoso por sus incursiones en el mundo de los hongos psicoactivos. En 1967, propuso en un libro que el matamoscas era el soma, la misteriosa planta divina que aparecía en el *Rigveda*, el libro sagrado hindú. Y, ahora, en pleno siglo XXI, el matamoscas sigue siendo igual de simbólico. Pero es más probable que nuestras referencias sean los dibujos animados de los Pitufos (los pequeños personajes azules que viven en la seta) o Super Mario, donde el personaje de Champiñón es el vivo retrato del matamoscas y, con acierto, hace que Mario se convierta en un gigante al comerlo. Busque en internet y descubrirá numerosos artículos que aseguran que el traje rojo de Papá Noel es una referencia al chamán siberiano que consumía matamoscas, aunque esta teoría, aparentemente seductora, es difícil de corroborar.

Mucho más concreto, no obstante, es el interés cada vez mayor de la ciencia por los compuestos del matamoscas, en especial el muscimol. Este compuesto potencia la acción del ácido gamma-aminobutírico, un neurotransmisor conocido por producir un efecto calmante en el cuerpo. Los investigadores esperan que los efectos de esta sustancia en el cerebro puedan aprovecharse como tratamientos de diversos trastornos, como la neuralgia, la ansiedad, el insomnio y las adicciones.

ORONJA VERDE

Nombre en latín	Familia	Nativa de
Amanita phalloides	*Amanitáceas*	*Europa*

Uno de los aspectos más crueles del envenenamiento por oronja verde es la manera en que la muerte se acerca lenta y sigilosamente. Esta seta contiene un cóctel de toxinas, las peores de las cuales, las amatoxinas, no se destruyen con la cocción. Muchas víctimas son felizmente inconscientes de que algo va mal durante las primeras seis a veinticuatro horas después de consumirla. Después, aparecen los vómitos, la diarrea y el dolor estomacal, síntomas que suelen confundirse con una intoxicación alimentaria o un virus gastrointestinal. A continuación, llega lo que en medicina se conoce como «remisión traicionera»: mientras las víctimas empiezan a sentirse mejor y quizá retrasan la visita al hospital, las toxinas entran en acción y destruyen el hígado y los riñones. Normalmente, la muerte sobreviene al cabo de cuatro a siete días. Las tasas de supervivencia han mejorado con la medicina moderna, pero, en ocasiones, los supervivientes requieren un trasplante de hígado.

Se calcula que la oronja verde es responsable de un 90 % de las muertes por envenenamiento de setas en todo el mundo. ¿A qué se debe este poder tan letal? La razón principal es que su apariencia y su olor ofrecen pocos signos de alerta de su toxicidad. Normalmente, los cuerpos fructíferos se encuentran alrededor de los árboles de madera dura, como el roble o la haya, con los que mantienen una relación simbiótica: los hongos proporcionan nutrientes y agua y, a cambio, reciben carbono. En general, las oronjas verdes brotan a finales de verano y otoño (la temporada de setas por excelencia), y son blancas o, a veces, verde claro o amarillas. Se parecen a muchas setas conocidas y abundantes que son comestibles, como el champiñón silvestre (*Agaricus campestris*) y la seta de arroz (*Volvariella volvacea*). Los botones tiernos también se

han confundido con los pedos de lobo (*Lycoperdon perlatum* y otras especies). Su sabor y olor anodinos dan pocas pistas de su naturaleza mortífera. Uno de sus rasgos característicos, la volva —una membrana que recubre la parte superior del bulbo (la base del tallo)—, suele estar oscurecida por la hojarasca. Y tampoco ayuda que los caracoles, los conejos y las ardillas se coman los sombreros sin ningún efecto nocivo, por lo que muchos dan por sentado que no puede perjudicarles.

En comparación con su pariente próximo más inconfundible, el matamoscas (véase p. 92), no hay muchas referencias históricas o de cultura popular relacionadas con la oronja verde, aunque el escritor y filósofo francés Voltaire dejó constancia en su diario de que «cambió el destino de Europa» cuando Carlos VI, el emperador del Sacro Imperio Romano Germánico, fue envenenado con un plato de estas setas en un banquete. (Aun así, cabe destacar que muchos historiadores dicen que enfermó después de ir de caza, por lo que la afirmación de Voltaire no tendría sentido). Más recientemente, la oronja verde saltó a la prensa en 2023, cuando tres personas murieron tras ingerir una comida que al parecer contenía estas setas, lo que llevó a la policía a acusar a una mujer de tres cargos de asesinato y cinco de intento de asesinato.

Sin embargo, es muy raro que la oronja verde se utilice como arma homicida, y la mayoría de los envenenamientos se deben a confusiones de identidad: basta consumir la mitad de un sombrero de tamaño decente para matar a una persona. Y su capacidad para expandirse por todo el mundo más allá de su región de origen significa que es mucho más obvia y accesible para una mayor cantidad de población. Actualmente, la oronja verde ha llegado a todos los continentes excepto la Antártida a través de las raíces de los árboles importados. Pese a las campañas publicitarias, las personas acostumbradas a buscar setas comestibles en lugares donde la oronja verde es una especie relativamente nueva no suelen ser conscientes de los riesgos que entraña. Se calcula que se producen entre 100 y 200 muertes al año a causa del envenenamiento por oronja verde en Norteamérica y Europa. Por ejemplo, una mujer de Somerset, Inglaterra, murió en 2012 tras recolectar setas en su jardín y añadirlas a una sopa de champiñones de lata. Esta vez, por desgracia, cogió oronjas verdes.

Hasta hace relativamente poco, los tratamientos por envenenamiento de oronja verde se limitaban a intentar eliminar la mayor cantidad del hongo y sus toxinas del cuerpo. En los últimos años, se ha descubierto que las semillas de cardo mariano *(Silybum marianum)* son efectivas para reducir la mortalidad. Su ingrediente activo, la silibinina, bloquea el

100

acceso de las amatoxinas a las células hepáticas e impide la inhibición de la enzima que permite que las células dañadas se regeneren. Los ensayos con ratones de un nuevo posible antídoto, el verde de indocianina, también parecen esperanzadores.

Avances científicos recientes indican que la oronja verde podría ayudar a más personas de las que mata. Se están realizando ensayos con una de sus amatoxinas, la α-amanitina, por su capacidad para eliminar células cancerosas, y se ha probado como tratamiento de pacientes con leucemia, cáncer de próstata y cáncer de tiroides.

*Grabado de la oronja verde (izquierda) y la oronja limón (*Amanita citrina *var.* mappa*) (derecha), de 1891.*

101

ARO

Nombre en latín	Familia	Nativa de
Arum maculatum	*Aráceas*	*Europa, partes del norte de África, el Cáucaso y Oriente Medio*

Ingrediente para sopa, polvos faciales, almidón para la ropa, remedio para la otitis, lámpara de hadas, abortivo, cicatrizante… Esta joya de planta tiene muchas facetas que se reflejan en sus numerosos nombres comunes.

En inglés, al parecer el nombre más antiguo es *cuckoo pint* (literalmente, «pinta de cuco»). *Pint* rimaría con *mint* («menta») y es la abreviatura del inglés antiguo *pintle*, que significa «pene», mientras que *cuckoo* significa «animado». Además del nombre común más extendido, *lords-and-ladies* («señores y señoras»), el aro se conoce con otros nombres locales, desde *angels and devils* («ángeles y demonios») en Somerset y *Jack-jump-up* («el salto de Jack») en Cornualles hasta *hobble gobbles* («manea y traga») en Kent y baya venenosa en Yorkshire. Algunos nombres hacen referencia a sapos y culebras, dragones y ranas, pero muchos otros tienen connotaciones sexuales. Por eso no es de extrañar que la planta se considerara durante mucho tiempo afrodisiaca, ya fuera mezclada con vino o frotando el pene con las hojas (de ahí otro de sus nombres comunes, *wake robin*, o «petirrojo despierto»). No existen pruebas científicas que avalen su eficacia. Al fin y al cabo, ¿por qué iba alguien a probar el aro sabiendo que contiene sustancias tóxicas? Una de las principales armas de su arsenal son los cristales de oxalato de calcio presentes en todas las partes de la planta, que provocan una sensación de ardor e hinchazón si se consumen o se aplican en la piel.

Tal vez la mejor explicación de la fama de esta planta sea la forma de sus flores, que tienen la misma estructura común de muchos otros miembros de la familia de los aroides: un espádice en forma de atizador en el que se agrupan una serie de flores diminutas y está rodeado por una espata, una bráctea parecida a una capa. Es fácil distinguir las connotaciones sexuales de las partes de esta planta, cuya naturaleza es, de hecho, sexual, puesto que permiten que la planta se reproduzca

a través de semillas. Los victorianos intentaron neutralizar su carga sexual llamándola *Our Lord and Our Lady* («nuestro señor y nuestra señora»), como si la espata fuera la capa de la Virgen María que protegiera al Niño Jesús, representado por el espádice. Evidentemente, esta nueva denominación no cuajó.

El aro suele encontrarse en las lindes de los bosques y a lo largo de los setos, aunque deberá elegir el momento adecuado porque esta planta se retira bajo tierra parte del año. El ciclo de crecimiento empieza en primavera, cuando brotan del suelo las hojas sagitadas, un término botánico para designar la forma de flecha. Algunos ejemplares presentan manchas moradas (como indica el nombre en latín *maculatum*, que significa «moteado» o «manchado»), pero otros son verdes. Según la tradición popular, esta planta creció a los pies de la cruz de Jesucristo, y las manchas de las hojas eran su sangre derramada. Las hojas tiernas se parecen a las del ajo silvestre (*Allium ursinum*), una especie muy apreciada por los recolectores, lo que puede causar confusión y el consecuente envenenamiento. Más adelante, en primavera, brotan las espigas de flores, el espádice que madura del verde al marrón violáceo cuando la planta se prepara para reproducirse. Como en muchos aroides, el proceso de polinización es espectacular: el espádice se calienta hasta 14 ºC por encima de la temperatura ambiente, según algunos estudios. El espádice contiene tanto flores masculinas como femeninas, situadas en la parte inferior, en lo que se conoce como bulbo basal, con las femeninas abajo y las masculinas arriba. Por encima se encuentra el apéndice, la parte que se calienta, y, al hacerlo, libera compuestos orgánicos volátiles (con un olor de «fétido y a orina») que atraen a los polinizadores de la planta, como pequeñas moscas, principalmente moscas de la humedad hembra. Cuando llegan las moscas, quedan atrapadas temporalmente dentro de la planta por un anillo de flores masculinas estériles muy vellosas que hay encima de las flores fértiles, con lo que tienen tiempo de depositar en las flores femeninas el polen que ya llevan y recoger el de las masculinas.

Una vez ha tenido lugar la polinización, las hojas y la espata mueren, y del espádice brotan unas bayas relucientes, primero verdes y, después, a medida que maduran, entre naranja y rojo tomate. Estas bayas son otro posible foco de envenenamiento, puesto que sobre todo los niños se sienten atraídos por sus colores de piedras preciosas. Por suerte, las bayas y las hojas son tan amargas que no invitan a atiborrarse, y sus consumidores principales son los pájaros, que no padecen efectos nocivos. El espádice también muere al llegar el otoño, cuando de la planta solo quedan los tubérculos subterráneos, usados de muchas maneras a lo largo de la historia. Como buena fuente de almidón, en la época isabelina se procesaban para aprestar la ropa blanca, algo imprescindible en un tiempo en el que imperaba la formalidad de las gorgueras y los puños bien almidonados. Se procesaron tantos tubérculos que también se utilizaban como arrurruz, un espesante de comida, y se transformaban en un cosmético conocido como polvo de ciprés. En las provincias de Turquía, en el Mediterráneo oriental, las hojas se utilizan para preparar una sopa llamada *tirşik*, que también es el nombre en turco de la planta, que es tan popular y peculiar que está registrada en la oficina de marcas y patentes de Turquía y cuenta con una indicación geográfica. En Siria, las hojas del aro son el ingrediente principal de otra sopa llamada *louf*. El efecto de los cristales de oxalato de calcio se neutraliza lo bastante durante el proceso de cocción para que las hojas resulten apetitosas.

Los científicos aún intentan constatar los numerosos usos medicinales de la planta, que van desde la inducción de abortos hasta la curación de la otitis y la maduración de forúnculos. Hasta ahora, los resultados más alentadores demuestran que posee propiedades antiinflamatorias y antifúngicas, y el potencial de ayudar a cicatrizar heridas.

105

BELLADONA

Nombre en latín	Familia	Nativa de
Atropa bella-donna	*Solanáceas*	*Europa, Irán, Marruecos y Argelia*

Las dulces bayas brillantes de color negro medianoche de la belladona han tentado, y matado, a los niños desde tiempos inmemoriales. Tal vez esto explica que se conozca como la planta del diablo, a la que Satán cuidaba cuando no atendía sus otros deberes presuntamente ajenos a la horticultura. Los padres inculcaban la creencia de que un encuentro con la belladona los llevaría directos al infierno, con la esperanza de impedir que incluso el joven recolector de plantas más decidido le hincara el diente.

La belladona contiene alcaloides tropánicos, principalmente hioscina e hiosciamina (que pueden sintetizarse en atropina). Se conocen como anticolinérgicos porque bloquean la acción de un neurotransmisor denominado acetilcolina en el cuerpo. Esto dificulta el movimiento de las señales a través del sistema nervioso, incluidas las que se producen entre el corazón y el cerebro, lo que causa una serie de síntomas como fiebre, alucinaciones, pérdida de la voz, boca seca, pupilas dilatadas y palpitaciones. En dosis lo bastante grandes provoca parálisis total, estado de coma y la muerte.

Puede que a muchos lectores modernos les costara distinguir a la belladona de sus parientes solanáceas en una rueda de reconocimiento. La columna «Country Diary» del *Guardian* la describió como «una patata grande y salvaje», una descripción bastante acertada. La belladona adulta alcanza 1,5 metros de alto y es una frondosa perenne herbácea que se halla en suelos calcáreos de zonas boscosas, zonas ruderales y descampados. Sus flores acampanadas moradas brotan en verano, seguidas de bayas negras que tienen el tamaño aproximado de una cereza (de hecho, a veces se conocían como cerezas del diablo). Suele confundirse con sus hermanas algo menos tóxicas: la dulcamara (*Solanum dulcamara*), que tiene bayas rojas, y la hierba mora (*Solanum nigrum*), cuyas bayas negras crecen en racimos, mientras que las de la belladona crecen solitarias.

Ilustración botánica de la belladona, a la izquierda, y su hermana tóxica, la hierba mora (Solanum nigrum), a la derecha.

La belladona, junto con el beleño negro y la mandrágora (véanse págs. 136 y 140), constituyen un trío de plantas de la familia de las solanáceas a las que se atribuyen poderes mágicos y se relacionan históricamente con la brujería. La belladona es lo bastante letal para utilizarse como veneno desde la antigüedad, implicada en los asesinatos de los emperadores romanos Claudio y Augusto, y utilizada por los soldados romanos para envenenar flechas y la comida del enemigo. En el siglo XVI, el herbolario inglés John Gerard advirtió de que esta «planta furiosa y mortal» debería prohibirse en los jardines, mientras que la ilustradora botánica victoriana Anne Pratt dejó constancia de que bastaba sostener las hojas para que la mano quedara momentáneamente paralizada. Aunque esto resulta poco probable y la ciencia moderna no parece haberlo comprobado específicamente, conviene manipular siempre con guantes esta y cualquier otra planta venenosa.

Suele decirse que, en la Edad Media, las brujas preparaban «ungüentos voladores» con belladona, beleño negro y todo tipo de ingredientes inverosímiles, como grasa de bebé, hollín y sangre de murciélago, además de otras plantas. Esto les permitía echar a volar y encontrarse con otras brujas y el diablo en persona, o eso contaba la historia. Ningún lector moderno se cree que las brujas volaban montadas

109

Grabado de las tres Moiras (Cloto, Láquesis y Átropos) del artista italiano Giorgio Ghisi, de 1558-1559. Átropos —homónimo del género Atropos— aparece a la derecha del grabado, cortando el hilo de la vida.

en una escoba para reunirse con Satán, pero una teoría reciente sugiere que algunas mujeres preparaban ungüentos con plantas alucinógenas que se aplicaban en el cuerpo, especialmente los genitales, donde las sustancias químicas se absorbían más deprisa. Otros historiadores creen que los ungüentos voladores no son más que una invención de una historia contada por los hombres para oprimir y demonizar a las mujeres. La verdad podría estar a medio camino: en realidad, las mujeres de la Europa medieval utilizaban plantas alucinógenas, incluida la belladona, como un anestésico rudimentario o «droga para dormir» llamado *dwale* para curar a los miembros enfermos o heridos de la casa. De modo que es posible que algunas de ellas tuvieran conocimientos de estas plantas y la motivación para automedicarse para tratar sus propios problemas, ya fueran físicos o mentales.

Hoy día, los envenenamientos por belladona son raros, aunque de vez en cuando hay quien confunde las bayas con arándanos silvestres u otros frutos comestibles. A pesar de su toxicidad, la belladona y otras

110

plantas de la familia de las solanáceas se han valorado por los mismos compuestos anticolinérgicos que habían servido para matar. En pequeñas dosis, el extracto de belladona ha servido para tratar problemas respiratorios y contracturas musculares, y puede utilizarse como anestésico, así como para dilatar las pupilas de los ojos antes de someterse a un examen o una intervención quirúrgica. Desde la época victoriana hasta la actualidad, las farmacias han vendido «parches de belladona» para aliviar el dolor. Y la atropina en concreto sigue teniendo aplicaciones medicinales, como anéstésico, como antídoto para la exposición a gases nerviosos utilizados en guerras químicas y para dilatar las pupilas antes de realizar un procedimiento oftalmológico.

El nombre y la fama de la belladona aún resuenan fuera del contexto médico en pleno siglo XXI: Nightshade («belladona» en inglés) es una nueva aplicación informática cuyo objetivo es evitar la recopilación y la utilización de ilustraciones y textos como material de aprendizaje para la inteligencia artificial. El *software* Nightshade lanzado en 2024 utiliza un método conocido como «envenenamiento de datos» para corromper la información recopilada, de modo que la inteligencia artificial dé resultados falsos o engañosos.

CUESTIONES ETIMOLÓGICAS

El homónimo del género de esta planta es Átropos, una de las tres Moiras que, según los antiguos griegos, controlaban el destino. Átropos era la que tenía más poder, puesto que de ella dependía cómo y cuándo terminaría la vida de una persona. Un nombre de lo más acertado para un género lleno de especies tóxicas, incluida una de las plantas venenosas más conocidas que existen. La otra parte del nombre científico, *bella-donna*, que significa «mujer bella», evoca las mujeres de la Venencia medieval que se ponían unas gotas del jugo mortal de belladona en los ojos para dilatar las pupilas y resultar más atractivas. Sin duda, un consejo nada recomendable para incluirlo en la rutina de belleza.

111

NUEZA

Nombre en latín	Familia	Nativa de
Bryonia dioica	*Cucurbitáceas*	*Europa Occidental y norte de África*

Hoy día, las estafas se suelen encarnar principalmente en falsificaciones de bolsos de diseñador y correos electrónicos que intentan vaciarte la cuenta bancaria. En la Edad Media, podía estafarte una raíz. Y menuda raíz: nauseabunda, grande y llena de toxinas.

En España, Francia y otros países Europaos, la nueza también se conoce como nabo del diablo. El herbolario inglés John Gerard describió de una manera muy curiosa el enorme tamaño de la raíz en su célebre *Herball* de 1597. Al parecer, le enseñó a William Godorous, el jefe de cirugía de la reina Isabel, una raíz que «pesaba medio quintal» y era «del tamaño de un niño de un año». Probablemente, no exageraba. En la actualidad, el naturalista Richard Mabey asegura en su libro *Flora Britannica* que las raíces son «suculentas y suelen medir hasta 15 centímetros de ancho».

La nueza solía llamarse mandrágora inglesa por su parecido con esta planta mediterránea de raíz prominente. En la Edad Media, había mucha demanda de mandrágora (véase p. 140) porque era un potente analgésico y somnífero, así como una planta llena de propiedades mágicas considerables, desde ayuda para la fertilidad hasta poción amorosa. Los individuos con menos escrúpulos (Gerard los llamaba «zánganos ociosos que no tenían nada que hacer más que comer y beber») desenterraban la raíz hinchada de la nueza y le tallaban brazos y piernas para crear una forma humana que vendían a los incautos buscadores de los poderes de la mandrágora. Incluso había quien, para que el resultado fuera más creíble, sembraba semillas de hierba en las fisuras estratégicas de la figura y la reenterraban hasta que salían los brotes que parecían pelo humano.

La nueza tenía otras aplicaciones más prácticas: a lo largo de la historia, la medicina tradicional la ha utilizado como remedio natural,

principalmente como purgante y diurético, pero también para muchos otros problemas entre moderados y graves, desde ataques de hipo hasta hemorragias. Su parecido con la mandrágora también podría explicar que fuera un ingrediente clave del *dwale*, un anestésico primitivo de la época medieval (por entonces conocido como somnífero), junto con beleño negro, la cicuta mayor (véase p. 178) y el opio, además de bilis, lechuga y vinagre. Esta podría ser una de las razones por las que esta planta trepadora adornaba pérgolas y arcos de jardines en la época. Era bonita, pero, además, se consideraba útil.

Hoy día, la nueza prolifera en las lindes de zonas boscosas y en setos vivos después de erradicarse mucho tiempo de nuestros jardines. Es una planta herbácea que se repliega en su enorme raíz llegado el inverno y rebrota a gran velocidad en primavera, varios centímetros al día según algunos observadores, a medida que los zarcillos se abren camino hacia el sol utilizando otras plantas como espaldera. La planta es dioica, lo que significa que produce flores masculinas y femeninas en plantas distintas. Ambas son verde claro o blancas con estrías verdes, y las masculinas son algo más grandes. Las bayas de color escarlata apagado del tamaño de un guisante aparecen al morir las hojas y cubren los setos como sartas de rubíes.

No pruebe a llevarse esta planta en sus salidas para recolectar plantas, por tentadores que puedan parecer sus frutos de color rubí. La nueza contiene una cantidad de toxinas considerable, como el alcaloide brionicina y el glucósido brionina, y los síntomas de envenenamiento incluyen diarrea, vómitos y, si se come la suficiente cantidad, parálisis y la muerte. Dicho esto, por tradición, en las regiones mediterráneas los brotes tiernos se consumen como hortalizas silvestres de primavera, cocidos y preparados como los espárragos, por lo que es probable que la velocidad de crecimiento de los brotes y la cocción limiten su potencial tóxico. En Estados Unidos, la planta se conoce como *Cretan bryony* («nueza de Creta»).

El ganado vacuno y otros animales se han envenenado al comer raíces de nueza, pero se tiene constancia de que, antiguamente, se les daba a los caballos como reconstituyente y para la cojera. También cabe mencionar que no está emparentada con la nueza negra (*Dioscorea communis*), una trepadora parecida que pertenece a la familia de las dioscoreáceas y da ristras de bayas escarlatas, aunque ambas plantas son venenosas. La especie hermana de la nueza, la nueza blanca (*Bryonia alba*), crece más al este de Europa y el centro de Asia, y se distingue por sus bayas entre azul oscuro y negras.

Como su doble mediterránea, la mandrágora, y tal vez sencillamente como alternativa, la nueza se ha asociado mucho tiempo con la brujería. Las brujas modernas suelen adornar con ella los altares de bodas paganas y otras ceremonias.

CORNEZUELO

Nombre en latín	Familia	Nativa de
Claviceps purpurea	*Clavicipitáceas*	*Europa*

El envenenamiento por cornezuelo es un aspecto clave de la vida en la Edad Media que probablemente hoy día no se representaría en el típico festival o feria medievales por ser demasiado lúgubre. En toda Europa, decenas de miles de personas murieron durante los brotes esporádicos de una enfermedad misteriosa que ahora sabemos que se debía al consumo de pan contaminado con cornezuelo, un hongo parásito. Los síntomas eran terribles. Las víctimas padecían fuertes convulsiones y enloquecían con las alucinaciones, o bien sufrían un dolor lacerante seguido de gangrena y la pérdida de las extremidades. En un episodio tristemente célebre del 944 e. c., se calcula que murieron 20 000 personas en la región francesa de Aquitania, en torno a la mitad de la población de la zona en la época.

El cornezuelo, el hongo del centeno, es la más conocida de unas 50 especies del género *Claviceps*. Puede contaminar más de cuatrocientas especies de plantas, en concreto, gramíneas, incluido el centeno. Nativo de Europa, ha proliferado en otras zonas templadas del mundo. En inglés, la planta recibe el nombre de *ergot*, del término homónimo francés que significa «espolón», en referencia a la forma curvada del esclerocio. Estos cuerpos fúngicos negros ocupan el lugar de las espigas individuales del cereal y crecen a medida que madura la planta. Durante la cosecha, parte de los esclerocios se muelen junto con el grano sano y contaminan la harina. El resto caen al suelo, agazapado hasta la primavera, cuando envían millones de esporas minúsculas para contaminar otros cultivos.

No es descabellado especular que el ergotismo (el nombre que recibe la enfermedad causada por el consumo de alimentos contaminados con cornezuelo) ha sido un obstáculo para la raza humana desde que empezó a ponerse en práctica la agricultura entre 11 000 y 12 000 años atrás. El primer incidente documentado se produjo ya en el 600 a. e. c., cuando una tableta asiria describió una «pústula nociva en la espiga del

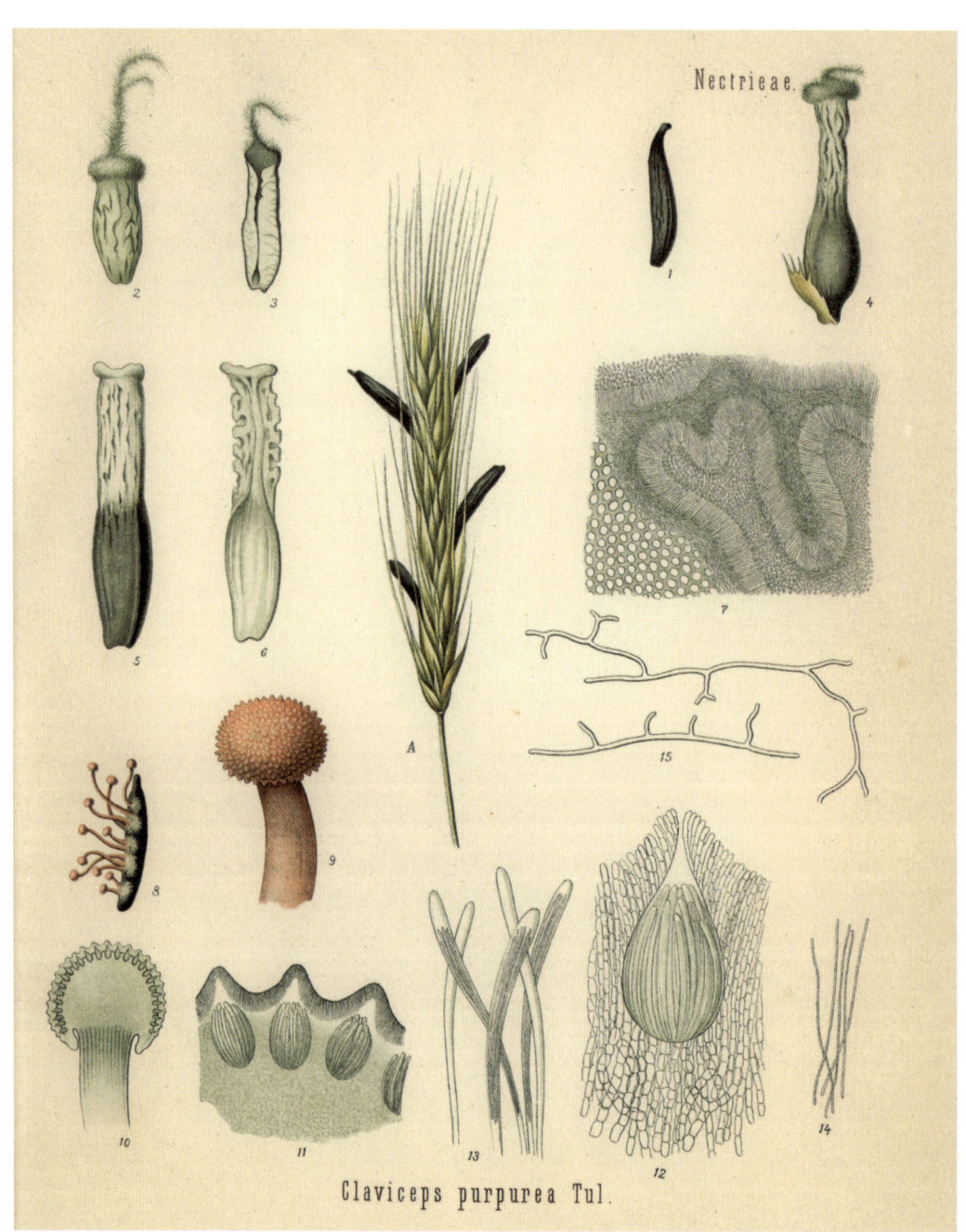

Nectrieae.

Claviceps purpurea Tul.

118

grano». Los brotes alcanzaron su apogeo en la Edad Media, sobre todo en países donde el centeno era el cereal principal, incluidos Francia, Alemania y Rusia. Visto desde la perspectiva del siglo XXI, resulta difícil creer que la población comiera pan enmohecido. La realidad es que las personas más humildes no tenían elección, y en la época se desconocía la relación entre los síntomas del ergotismo y la harina contaminada que habían consumido las víctimas. Para la población medieval, los brotes parecían muy misteriosos, pero una cosa era clara: había dos tipos de ergotismo, según los síntomas. Ambos empezaban con una sensación de picor y hormigueo, sobre todo en las extremidades. El ergotismo convulsivo progresaba en forma de espasmos y convulsiones, visión doble y alucinaciones. En cuanto a las personas que padecían ergotismo gangrenoso, experimentaban una sensación de ardor conocida como «fuego de San Antonio», entumecimiento de las extremidades y gangrena, lo que los llevaba a perder dedos de los pies y las manos y, a veces, las extremidades. Los casos de ergotismo convulsivo se concentraban al este del Rin, mientras que en el oeste dominaban los síntomas gangrenosos.

¿Se trataba de dos tipos de ergotismo? ¿O eran distintos síntomas de la misma enfermedad? La ciencia moderna aún no ha encontrado la respuesta definitiva, pero algunas teorías apuntan a que las condiciones variables del suelo dictaban la composición de alcaloides del cornezuelo y causaban la manifestación de una serie de síntomas, y a que la carencia de vitamina A provocaba ergotismo convulsivo. Lo que sabemos es que el cornezuelo contiene muchos alcaloides, que interactúan con el cuerpo humano de maneras complejas. Algunos actúan sobre los receptores que reciben mensajes de los neurotransmisores, como la dopamina y la serotonina, y los estimulan o los inhiben, lo que provoca alucinaciones y convulsiones, mientras que otros hacen que los vasos sanguíneos se estrechen, lo que causa una reducción del flujo sanguíneo a las extremidades y gangrena.

Sea como sea como se manifieste el ergotismo, la mortalidad afectaba a entre un 10 % y un 20 % de los afectados. No es de extrañar, por tanto, que se fundara una orden monástica, la orden de San Antonio, para tratar a las víctimas en 1905. En los siglos XVI y XVII, los científicos empezaron a darse cuenta de que estos brotes estaban causados por el cornezuelo, pero no fue hasta 1853 cuando el científico francés Louis René Tulasne descubrió el ciclo vital de este hongo parasitario.

En el siglo XX, los historiadores empezaron a teorizar que el origen de muchos sucesos del pasado podría deberse a la influencia invisible del ergotismo. ¿Las mujeres de Salem que fueron juzgadas por brujería en 1692 padecían ergotismo convulsivo en realidad? ¿Las visiones de Juana de Arco se debían al consumo de pan contaminado con cornezuelo? ¿El Gran Miedo que precedió a la Revolución francesa fue provocado por el ergotismo? Actualmente, el mundo académico aún discute estas teorías, pero ofrece una interesante visión de los potenciales efectos de largo alcance de este hongo mortal. Pese a la terrible cifra de muertos, hay un aspecto positivo. El cornezuelo se ha descrito como una «fábrica de sustancias químicas» que contiene un sinfín de compuestos útiles, incluidos varios alcaloides importantes. Uno de ellos es la ergometrina. A mediados del siglo XVII, las matronas y los médicos administraban cornezuelo en polvo a las embarazadas para acelerar el parto y evitar hemorragias tras dar a luz. Se conocía como *pulvis ad partum*, «polvo del parto» en latín. No fue hasta la década de 1930 cuando se identificó y se aisló la ergometrina, que aún hoy se utiliza en obstetricia.

La pintura Los mendigos, *que Pieter Bruegel el Viejo pintó en 1568, representa la agonía de las víctimas de ergotismo.*

120

Otros dos alcaloides del cornezuelo, la dihidroergotamina y la ergotamina, también se utilizaban como tratamiento efectivo de migrañas persistentes, aunque, debido al riesgo de sobredosis, en las últimas décadas se han sustituido por otros medicamentos más seguros.

Tal vez el componente más conocido del cornezuelo sea el ácido lisérgico, que puede utilizarse para sintetizar el LSD o dietilamida de ácido lisérgico, la controvertida droga psicodélica que redefinió la comprensión del cerebro humano en las décadas de 1950 y 1960. El LSD lo sintetizó por primera vez el químico Albert Hofmann en 1938, pero no fue hasta 1943 cuando se expuso sin querer a la droga y experimentó el primer «viaje de ácido» por LSD documentado. Dos días después aumentó la dosis y, cuando volvía a casa en bicicleta, experimentó lo que describió como un caleidoscopio de colores, un acontecimiento que aún se celebra como el Día de la Bicicleta el 19 de abril, una fecha extraoficial de celebración psicodélica. En décadas posteriores, se probaron tratamientos con LSD para varias enfermedades psiquiátricas, y la CIA estadounidense lo estudió como una droga potencial para controlar la mente en su polémico y ultrasecreto programa MK-ULTRA de principios de la década de 1960, aunque en la misma década varios países ilegalizaron el uso de LSD.

Afortunadamente, en el siglo XXI, los brotes de ergotismo son raros por varias razones, como el cambio del centeno al trigo como cereal principal, el control minucioso del cultivo y el almacenamiento del grano. Sin embargo, aún se producen, y pueden tener repercusiones económicas considerables debido al impacto sobre el rendimiento del cultivo, sobre todo en países en vías de desarrollo. El caso de envenenamiento masivo atribuido al cornezuelo más conocido de la época moderna se produjo en la ciudad de Pont-Saint-Esprit, en el sur de Francia, en 1951. Más de 250 personas sufrieron indisposiciones, convulsiones y alucinaciones después de consumir pan contaminado de la misma panadería. Siete de ellas murieron y cincuenta terminaron en el frenopático. Aunque, en la época, los científicos llegaron a la conclusión de que había sido culpa del cornezuelo, hasta hoy sigue vigente la teoría de que la CIA experimentó el LSD con la población francesa.

121

CÓLQUICO

Nombre en latín	Familia	Nativa de
Colchicum autumnale	*Colchicáceas*	*Europa*

En 1862, miles de personas se congregaron en la cárcel de Newgate para ver el ahorcamiento público de la última mujer en Londres. Muchas habían esperado toda la noche bajo la lluvia torrencial para contemplar de lejos el final de la enfermera Catherine Wilson, y los más pudientes acudieron con los binóculos de la ópera para ver mejor la horca. En el lenguaje actual, Wilson se habría calificado de asesina en serie. Aunque solo la declararon culpable de un asesinato, se la responsabilizó de la muerte de hasta siete de sus pacientes. Como arma homicida eligió la colchicina, un medicamento utilizado para tratar la gota que se obtenía del cólquico.

La muerte por colchicina no es rápida en absoluto y, de hecho, no existe un antídoto ni siquiera hoy. La agonía que padecen las víctimas suele asimilarse con los síntomas del cólera, la coartada perfecta para Wilson, que suministró sobredosis del medicamento para la gota a sus víctimas y evitó durante años que la descubrieran.

El envenenamiento por colchicina empieza con vómitos y diarrea horas después de la ingesta y, en casos graves, progresa en forma de problemas respiratorios e insuficiencia cardiaca. Los afectados también suelen perder el cabello. Aunque la planta tiene sabor amargo, se han producido casos de envenenamiento accidental al confundirla con ajo silvestre u otros miembros de la familia de la cebolla, o al confundir las flores con las del azafrán (*Crocus sativus*) comestible. La cápsula de semillas en forma de nuez que aparece con las hojas en primavera también ha causado envenenamientos en niños, al igual que tomar leche de vacas que han comido la planta. También hay quien se ha envenenado conscientemente con cólquico para intentar suicidarse.

Sin embargo, si se administra la dosis correcta, se ha demostrado que el cólquico es mano de santo para *la gota*, una forma inflamatoria de artritis que causa dolor e hinchazón articular, principalmente en el dedo gordo del pie. El dibujo La gota (1799) del caricaturista británico James

Gillray representa un pie palpitante al que muerde un demonio negro mientras clava las garras afiladas en la carne del dedo gordo y lanza llamaradas por la nariz. El mensaje no deja lugar a dudas: la gota duele, y mucho. El ingrediente activo del cólquico que exorciza el demonio de la gota es la colchicina, uno de los cerca de 30 alcaloides descubiertos en los tejidos de la planta. La colchicina bloquea la reacción inmune del cuerpo a los cristales de ácido úrico que causan tanta agonía a los pacientes.

COLCHIQUE D'AUTOMNE

Ya en el siglo II e. c., los médicos recomendaban colchicina para la gota, y el cólquico formó parte de la farmacopea de la medicina árabe y bizantina en siglos posteriores. Aun así, la colchicina tiene un pedigrí tan antiguo como el veneno. Se menciona en el libro *De Materia Medica* del médico griego Pedanio Dioscórides, escrito en el siglo I e. c., como un veneno con el que los esclavos se quitaban la vida.

En 1763, el barón Anton von Störck, el médico personal de la emperatriz de Austria, tuvo el mérito de calcular la cantidad de colchicina que podía administrarse médicamente con seguridad sin causar efectos secundarios tóxicos. En 1770, Nicolas Husson, un oficial del ejército francés, empezó a comercializar su Eau Medicinale, un remedio para la gota cuyos ingredientes se desconocían hasta que, en 1814, se descubrió que contenía colchicina. Se dice que Benjamin Franklin, el padre fundador de Estados Unidos, que padecía gota, introdujo la colchicina en la nación y la utilizó para tratar su enfermedad, pero hoy día muchos académicos tachan esta teoría de rocambolesca. Los químicos franceses Pierre-Joseph Pelletier y Jean Bienaimé Caventou son más conocidos por aislar la quinina, el tratamiento de la malaria, del quino (*Cinchona officinalis*) y la estricnina de la nuez vómica (véase p. 240), pero también aislaron la colchicina en 1820. A pesar de que puede dársele un uso indebido, hoy día la colchicina aún se considera un medicamento para la gota, así como un remedio para la enfermedad rara conocida como fiebre mediterránea familiar, un trastorno autoinmune hereditario que se caracteriza por episodios de inflamación.

Cabe mencionar un par de usos prácticos más del cólquico. Los seleccionadores de plantas aprovechan la capacidad de la colchicina de interrumpir la división de las células para inducir la poliploidía, que significa que las plantas tienen más cromosomas de lo normal en su estructura genética. Esto permite desarrollar valiosas cualidades, como resistencia a las enfermedades y aumento del tamaño. Por otra parte, los científicos están haciendo ensayos con el polvo obtenido de los bulbos de cólquico para afrontar las plagas de hormiga roja de fuego, una especie invasora de Norteamérica, Australia y zonas de Asia.

La planta en sí es curiosa, notable por su hábito de floración sin hojas en otoño. Este rasgo le ha valido numerosos nombres comunes en inglés, como *naked ladies* («damas desnudas»), *strip-Jack-naked* («tipo desnudo») y *naked boys* («chicos desnudos»). Las hojas lanceoladas brotan entre primavera y mediados de verano y mueren antes de que salgan las flores a partir de septiembre, con lo que ofrecen una valiosa fuente de alimento a las abejas a finales de año. Las flores de seis pétalos de un malva rosáceo salen de unos tallos de un peculiar color blanco hueso. Según el naturalista británico Richard Mabey, «parecen setas venenosas en flor o anguilas vegetales». El cólquico vive en prados, pastizales y lindes de bosques. Su presencia en estado silvestre se ha reducido mucho, pero sigue siendo una planta de jardín popular. Coja un bulbo desnudo e incluso podrá hacerlo brotar en el interior, plano en el alféizar de la ventana, sin suelo ni agua.

ORIGEN DEL NOMBRE

El nombre del género *Colchicum* viene de Cólquida, la región de la antigua Grecia situada a orillas del mar Negro, en la Georgia actual. La mitología griega relaciona la planta con la sacerdotisa Medea, la hija del rey Eetes de la Cólquida. Algunas historias cuentan que Medea utilizó los poderes de esta planta para ayudar a Jasón, el líder de los argonautas, a encontrar el Vellocino de Oro de su padre.

CONVALARIA

Nombre en latín	Familia	Nativa de
Convallaria majalis	*Asparagáceas*	*Europa y el Cáucaso*

L a convalaria es la flor nacional de Finlandia, donde se denomina *kielo*, que es también un popular nombre de niña, aunque la pasión que sienten los franceses por esta planta que ellos llaman *muguet* da mil vueltas a los finlandeses. El nombre viene del francés antiguo *mugue*, que significa «almizcle», en referencia al aroma embriagador de las flores acampanadas. Todos los años, en ocasión del primero de mayo, el Día del Trabajo, los franceses regalan ramos de convalaria siguiendo una tradición que inauguró el rey Carlos IX en 1561. Al parecer, el diseñador de moda francés Christian Dior era el mayor admirador de Francia de esta flor. Cada año, regalaba ramos a sus costureras, *naturellement*, pero, además, en la solapa llevaba sus flores, que incorporó a muchos de sus diseños y cuyo aroma recreó en su perfume insignia, Diorissimo*, además de coser ramas secas de la planta en los dobladillos de los vestidos. Cuando murió prematuramente de un ataque al corazón en 1957, su ataúd se cubrió con cientos de flores de convalaria que destacaban sobre un fondo de organza negra.

Las flores de la convalaria, que pertenece a la familia del espárrago (asparagáceas), crecen bajo el dosel del bosque. La planta se propaga a través de rizomas subterráneos que pueden producir grandes colonias que cubren el suelo en primavera y, de hecho, suelen ser un indicador de que el bosque es antiguo. También es una especie de jardín muy apreciada por su belleza y utilidad como planta tapizante y flor cortada aromática.

Las flores de convalaria eran unas de las favoritas de la reina Isabel II. Formaron parte del ramo de su coronación y de los de varias bodas de la realeza británica, como, en fechas más recientes, el que llevó Catherine Middleton cuando se casó con el príncipe Guillermo en 2011. Tal vez se deba a su aroma y al significado que se le atribuye según el lenguaje de las flores que inventaron los victorianos: el retorno a la felicidad. Una ramita de hojas y flores de convalaria ha sido un motivo popular en

Convallaria majalis.

joyería, así como un ingrediente de las pociones amorosas durante siglos, aunque, como Dior, hay quien prefiere prenderse la planta fresca en el ojal. Esto es lo que se hace cada 8 de mayo en Helston, Cornualles, donde esta planta es todo un símbolo de una antigua celebración conocida como el Furry Day, en el que los jóvenes lucen ramitos de convalaria en el pecho mientras bailan por las calles para dar la bienvenida a la primavera.

Toda la planta es tóxica, aunque las raíces presentan más concentración de sustancias nocivas, pero el envenenamiento suele deberse a dos situaciones: los recolectores de plantas que confunden las hojas con las del ajo silvestre (*Allium ursinum*) o la victorial larga (*Allium victorialis*),

Vestido de noche de Dior adornado con un ramillete de convalaria. Fotografía publicada en el número de la revista Vogue *de marzo de 1960.*

y los niños tentados por las bayas rojas dulces que siguen a las flores en otoño. Los síntomas de envenenamiento incluyen dolor de cabeza, alucinaciones, dolor abdominal, vómitos y ritmo cardiaco irregular cuando el cóctel de glucósidos cardiacos de los tejidos de la planta empieza a hacer efecto. Estas sustancias químicas, parecidas a las que contiene la dedalera (véase p. 131), afectan al corazón al aumentar la fuerza a la que se contrae para enviar la sangre por todo el cuerpo. El glucósido cardiaco de la convalaria, la convalatoxina, se utiliza como tratamiento de varias afecciones cardiacas, y los médicos también investigan sus posibles propiedades anticancerígenas.

La tradición medicinal de la convalaria parece remontarse a la antigüedad. Según un mito griego, el dios Apolo obsequió con esta planta a Asclepio, el dios de la curación. Su función principal era como remedio para el corazón, además de utilizarse para otras afecciones, como esguinces, reumatismo y pérdida de memoria. En el siglo XVI, el médico Pietro Andrea Mattioli escribió que el *aqua aurea* (agua dorada), un líquido destilado de las flores de convalaria, era tan valioso que se guardaba en frascos de oro o plata. Uno de sus nombres antiguos en inglés es *glovewort* («hierba de los guantes»), puesto que se utilizaba por vía tópica para quemaduras y otras heridas de la piel, aunque cabe mencionar que se ha documentado que la manipulación de esta planta provoca dermatitis por contacto en algunas personas. El herbolario inglés del siglo XVI John Gerard se lleva el premio al remedio más insólito al sugerir que había que introducir las flores en una «botella herméticamente cerrada» y enterrarla en un hormiguero durante un mes para obtener un líquido que curaba la gota.

Las flores también fueron todo un símbolo para la religión cristiana, a raíz de la creencia de que brotaron en el preciso instante en el que la Virgen María derramó sus lágrimas en el lugar donde fue crucificado Jesucristo, de ahí que la planta también se denomine lirio de Nuestra Señora. Según la tradición popular europea, la convalaria se planta para ahuyentar espíritus malignos, aunque la escritora inglesa especializada en jardinería Anna Pavord recoge un uso más prosaico de la planta en su libro *Bulb*: al parecer, solía encontrarse a la sombra de las letrinas al aire libre, quizá para enmascarar el mal olor.

Uno de los envenenamientos por convalaria más conocidos de la cultura popular moderna aparece en la serie de televisión *Breaking Bad*, cuando un niño termina en el hospital con lo que los médicos diagnostican como envenenamiento por ricino (veáse p. 194), pero después se descubre que se ha debido al consumo de convalaria. Un brote de la misma planta encontrado en el jardín de Walter White, un profesor de química convertido en narcotraficante, implica que utilizó sus conocimientos para administrar el veneno.

Si decide cultivar convalaria en su jardín, póngase guantes para manipularla y piénseselo dos veces si tiene niños o animales de compañía aficionados a mordisquear la vegetación.

*UN DULCE AROMA

La convalaria es lo que los perfumistas denominan una flor muda, es decir, su aroma no puede extraerse para utilizarlo como ingrediente, por lo que su esencia tiene que recrearse con un cóctel de ingredientes naturales y sintéticos. El compuesto químico lilial, también conocido con el prolijo nombre *butylphenyl methylpropional*, se prohibió en el Reino Unido y la Unión Europea en 2022, cuando se identificó como disruptor endocrino, lo que significa que puede afectar a la función hormonal y, por tanto, a la fertilidad, cuando se utiliza en grandes cantidades.

DEDALERA

Nombre en latín	Familia	Nativa de
Digitalis purpurea	*Plantagináceas*	*Partes de Europa y Marruecos*

Una placa en recuerdo del doctor William Withering de Edgbaston Old Church, cerca de Birmingham, Inglaterra, está adornada con la talla de una dedalera junto a la vara y la serpiente de Asclepio, el dios griego de la medicina. A este médico y botánico inglés debemos agradecer que la dedalera dejara de ser un remedio letal y se convirtiera en una medicina para el corazón que ha salvado muchas vidas. Según un dicho popular, la dedalera puede resucitar a los muertos o matar a los vivos. Esta dualidad se debe a su rango terapéutico reducido, es decir, la diferencia entre mejorar la vida de alguien o matarlo depende de una mínima variación de la dosis.

Los compuestos activos principales de la dedalera son los glucósidos cardiacos, los más conocidos de los cuales son la digoxina y la digitoxina. Como su nombre indica, influyen en el corazón, haciendo que lata más fuerte y eficazmente. Sin embargo, en la dosis equivocada, hacen que el corazón se ralentice demasiado o lata arrítmicamente, además de causar náuseas, vómitos y cambios en la visión. Pese a su potencial devastador, los envenenamientos por dedalera no son muy frecuentes. Debido a su peculiar aspecto y su sabor amargo, la mayoría de las personas evitan sus peligros, aunque de vez en cuando la confunden con otras plantas de hojas vellosas como la consuelda, el gordolobo o la borraja. Es una planta bienal que brota un ano, florece, produce semillas y muere al siguiente. Sus espigas de flores entre moradas y rosadas o, a veces, de color crema, destacan en bosques y matorrales y alcanzan los 2 metros de alto en las condiciones adecuadas. La dedalera se ha convertido en una planta de jardín habitual que ha dado pie a todo tipo de cultivares, del blanco más puro al morado oscuro, pero no menos venenosos que sus parientes silvestres.

El origen del nombre de la planta en inglés, *foxglove* (literalmente, «guante de zorro»), ha sido durante años un misterio. Hay quien dice que tiene que ver con su relación con las hadas y es una evolución de

folksglove (folk significa «zorro», pero también «hada»), aunque los etimologistas se muestran escépticos ante esta teoría. De lo que no cabe duda es de que es un nombre antiguo que se remonta a los sajones, que conocían la planta como *foxes glofe*. Tan antiguo como la asociación de la dedalera con las hadas y las brujas, como demuestra su nombre en galés, *menyg ellyllon*, que significa «guantes de duende». Las manchas de la garganta de las flores se atribuían a las huellas de las hadas, y la planta se recomendaba tanto para ahuyentar a estos seres mágicos como para atraerlos. Existen varios nombres comunes en inglés, como *poppers* («corchetes»), que hace referencia a la costumbre que tenían sobre todo los niños de cerrar la parte abierta de la flor y tirar de ambos extremos a la vez hasta que se rompía y hacía un sonido seco. Sin embargo, mi nombre favorito es *fingerhut*, literalmente «sombrero de dedo» o «dedal» en alemán.

En el pasado, la planta tenía varios usos, desde cutáneo, en forma de infusión para el dolor de garganta o como tinte de tejidos; pero principalmente se empleaba para tratar la hidropesía (hoy lo llamaríamos edema, a menudo un síntoma de insuficiencia cardiaca) y la epilepsia. Debido a su toxicidad, es probable que muchas personas sufrieran, e incluso murieran, tras tomar accidentalmente una sobredosis de dedalera. En alguna ocasión, la planta también se ha utilizado

como arma homicida. La asesina en serie belga Marie Alexandrine Becker despachó al menos 11 víctimas en la década de 1930 (incluidos su marido y su amante) con una sobredosis de un medicamento para el corazón a base de dedalera. También fue utilizada por Charles Edmund Cullen, un enfermero estadounidense que reconoció haber matado al menos a 40 personas, muchas de ellas con digoxina, el medicamento para el corazón derivado de la planta.

Uno de los retratos que Van Gogh pintó del doctor Paul Gachet, con unas ramas de dedalera en la mano (1890).

El doctor Withering fue honrado con una talla de dedalera después de trabajar durante más de una década con 163 pacientes que sufrían hidropesía. Al ver que el ingrediente activo del medicamento que solía darse a los pacientes era dedalera, investigó hasta dar con la dosis adecuada de la hoja seca y pulverizada para tratar a los enfermos cardiacos sin matarlos. Esto culminó en su revolucionaria obra *An Account of the Foxglove and Some of its Medical Uses* (1785). Un siglo después, la trayectoria artística del pintor neerlandés Vincent van Gogh pudo haber dado un vuelco debido a la dedalera. Según esta teoría, los médicos se la administraron en sus últimos años de vida para combatir las crisis epilépticas que padecía. No existe ninguna prueba concreta, pero Van Gogh pintó dos veces a su médico, el doctor Paul Gachet, con espigas de flores de dedalera en la mano. La ciencia moderna nos dice que la planta no habría hecho ningún efecto en la epilepsia del pintor, pero podría haber provocado un efecto secundario inesperado llamado xantopsia, una alteración visual por la que los objetos se perciben de color amarillento. ¿Acaso esto fue el detonante del denominado «periodo amarillo» de Van Gogh, del que forman parte pinturas tan conocidas como *Naturaleza muerta: Jarrón con quince girasoles* y *La noche estrellada*? Los académicos aún debaten la cuestión y probablemente nunca lo sabremos a ciencia cierta, pero es una teoría interesante.

Hoy día, los compuestos de la dedalera y otras especies del género *Digitalis* aún se usan para las enfermedades cardiacas. Se ha descubierto que la digoxina podría tener potencial como fármaco contra el cáncer, capaz de tratar los tumores cerebrales infantiles y el cáncer de próstata.

BELEÑO NEGRO

Nombre en latín	Familia	Nativa de
Hyoscyamus niger	*Solanáceas*	*Del Mediterráneo a Irán*

Hay plantas venenosas que se visten con bellos disfraces, pero el beleño negro no puede disimular el peligro que entraña. El aroma de la planta se describe como fétido, nauseabundo, a pescado, mohoso y parecido a la carne podrida. No es de extrañar que más de uno se maree después de olerla un instante. Las ásperas hojas dentadas están cubiertas de pelos grasientos y se dice que centellean al quemarse. Las flores son de un color amarillento claro, surcadas de venas púrpuras y con la parte central oscura, como un ojo negro. El naturalista británico Peter Marren las describió como «estallidos de trompetas de color cadáver». No le sorprenderá saber que esta planta mantiene antiguos lazos con la magia, los asesinatos y la locura.

El beleño negro es una bienal que brota un año y produce semillas al siguiente, aunque a veces crece como anual. Puede alcanzar un metro de alto cuando prospera, y prefiere las zonas ruderales (terrenos alterados por la acción humana). Su especialidad son los bordes de carreteras, los descampados, los estercoleros y las ruinas, y a veces aparece como el último vestigio de un antiguo jardín de plantas medicinales. El beleño negro también habita en zonas costeras y orillas de ríos con suelos ricos en nutrientes. Se trata de una planta oportunista que se ha extendido lejos de su hábitat nativo: al resto de Europa y hasta Nueva Zelanda, zonas de Australia, China y Rusia, así como varias regiones de Estados Unidos. ¿Se debe esta proliferación a la acción humana o ha sido fortuita? Lo más probable es que ambas cosas. La especie no es nativa de Gran Bretaña, pero los botánicos la califican de arqueofito, una especie que llegó hace tanto tiempo que es como si lo fuera.

La composición química del beleño negro es muy parecida a la de la belladona (véase p. 106) y la mandrágora (véase p. 140), ambas de la familia de las solanáceas. Es muy rica en alcaloides tropánicos, principalmente hiosciamina e hioscina. Estos alcaloides son anticolinérgicos y bloquean la acción del neurotransmisor acetilcolina, con lo que pueden afectar al movimiento de los músculos y las partes del cerebro que controlan funciones importantes, incluidas la memoria y la excitación sexual. Según la dosis, el consumo de cualquier parte de esta planta puede causar varios síntomas, desde dilatación de las pupilas, agresividad y fiebre hasta alucinaciones, delirio, estado de coma y la muerte.

Hyoscyamus niger.

Los humanos mantienen un vínculo estrecho y antiguo con el beleño negro. Algunos historiadores especulan que es una de las plantas medicinales más antiguas del mundo. En Houten, Países Bajos, los arqueólogos descubrieron un hueso de animal transformado en un recipiente cerrado lleno de semillas de esta planta que se remonta al siglo I e. c., cuando Houten se encontraba en la periferia del Imperio romano. Solo podemos aventurar por qué se guardaron, pero el hecho de que alguien se tomara la molestia de preparar un receptáculo de hueso y cerrarlo con brea de corteza de abedul apunta a que las semillas eran muy apreciadas.

Otros hallazgos arqueológicos indican que el beleño negro estaba presente en los asentamientos humanos ya en la Edad del Hierro. La planta se nombra en varios textos médicos que se remontan al siglo I e. c., incluidas obras de Plinio el Viejo, Pedanio Dioscórides y Aulo Cornelio Celso, y se recomienda como analgésico y sedante, entre otras cosas. Una manera de administrar el remedio para la sedación era a través de la *spongia somnifera*, una esponja empapada en jugo de

138

beleño negro, adormidera (*Papaver somniferum*) y mandrágora. Estos remedios siguieron utilizándose en la Edad Media, cuando el beleño negro era un ingrediente clave del *dwale*, una especie de anestésico casero que se administraba a los enfermos. Incluso se tiene constancia de que los romaníes fumaban hojas de esta planta para aliviar el dolor hasta bien entrado el siglo XX.

El beleño negro también está íntimamente relacionado con la brujería y la hechicería, puesto que se considera una de las «hierbas de las brujas» junto con la belladona y la mandrágora. Desde el conjuro de demonios y los hechizos de invisibilidad hasta la invocación de la lluvia y los ungüentos voladores (véase p. 109), esta planta aparece una y otra vez como un poderoso ingrediente mágico y ritual en las crónicas de brujería, sobre todo de la época medieval. Otra aplicación consistía en ensartar trozos de la raíz en forma de collar para proteger a los niños del mal.

En pleno siglo XXI, pocos de nosotros creemos que el beleño negro pueda volvernos invisibles o conjurar un demonio. Pero no cabe duda de que esta planta se utilizaba por sus efectos tanto en el cuerpo como en el cerebro. La documentación del uso histórico del beleño negro como arma homicida es abundante y variada, desde una forma de someter a quienes se enfrentaban a una ejecución hasta asesinatos políticos. Las semillas se esparcían sobre las estufas de las casas de baños (que solían hacer las veces de burdeles) porque se creía que potenciaban el ambiente lascivo. En la Europa medieval, el beleño negro fue un aditivo popular de la cerveza, cuyos alcaloides potenciaban su efecto embriagador, hasta 1516, cuando se prohibió esta costumbre. De la popularidad de este ingrediente para la elaboración de cerveza dan fe varios nombres de lugares de Alemania que incorporan *bilsen* (en alemán, *bilsenkraut* es beleño negro).

La planta tenía muchas otras aplicaciones prácticas que, en algunos casos, se utilizaron hasta el siglo XIX, como envenenar peces y perros rabiosos, envenenar flechas, y ahuyentar ratas y ratones que aparentemente odiaban el olor. Probablemente su uso para atrapar pájaros sea el origen del nombre en inglés, *henbane*, que significa «veneno de gallina». También se creía que las semillas de esta planta curaban el dolor de muelas, que en la época se atribuía a una lombriz, aunque John Gerard, el herbolario del siglo XVI, fue demoledor con los «sacamuelas charlatanes» que fingían eliminar estas lombrices con semillas de beleño negro.

MANDRÁGORA

Nombre en latín	Familia	Nativa de
Mandragora officinarum	*Solanáceas*	*Italia, Serbia, Montenegro, Líbano y Siria*

Debemos agradecer a la escritora superventas J. K. Rowling el renovado interés por la mandrágora, una planta mágica que aparece en varios de sus libros de Harry Potter. Esta planta existe en la vida real (para sorpresa de algunos fans de Hogwarts), pero nuestro conocimiento de ella está tan lastrado por las supersticiones que cuesta distinguir la realidad de la ficción.

Tal vez el mito más conocido de la mandrágora es el que la profesora de herbología de Rowling, Pomona Sprout, explica a la clase de aprendices de mago: el grito de una mandrágora arrancada puede matar (o, como mínimo, hacer enloquecer). Parece una advertencia extraña, pero la historia está llena de insólitas criaturas míticas que desdibujaron los límites entre las plantas y los animales, como el «cordero vegetal» de Tartaria, una planta que daba ovejas (un relato muy tergiversado de la planta del algodón), y el «árbol de los gansos», que, al parecer, daba frutos que se convertían en barnaclas.

La historia de la mandrágora fue tal vez la mezcla animal/planta más persistente. Según el mito, había una versión masculina y otra femenina del híbrido según el aspecto de la raíz larga y a menudo bifurcada, y esta forma humana chillaba cuando se arrancaba de la tierra y mataba a quien se hubiera atrevido a desenterrarla. Esta creencia se remonta al menos al siglo I e. c., cuando el médico y botánico griego Pedanio Dioscórides escribió sobre las formas masculina y femenina de la planta en su obra *De Materia Medica*. Lo más probable es que esta convicción se debiera a una confusión entre dos tipos de mandrágora, que algunos botánicos clasifican como especies diferentes, mientras que según otros son distintas formas de la misma especie: la mandrágora de otoño (*M. autumnalis*) florece a finales de año, y la *M. officinarum*, en primavera. Las plantas en sí no son gran cosa en comparación con el gran misticismo que conllevan: una roseta de hojas verdes arrugadas

140

Mandragora fructu rotundo. *J.R.H. 76.*
Ital. Mandragora maschio.— Gal. Mandragore
Mandragora officinarum L.

de hasta 60 cm de ancho, con flores acampanadas malvas o púrpuras seguidas de frutos redondos como manzanas amarillas o naranjas.

El mito del grito de la mandrágora dio pie a todo tipo de técnicas ingeniosas para cosechar esta planta sin riesgos, como atar un perro hambriento a ella, taparse los oídos y alejarse a una distancia prudencial para llamar al animal, que arrancaba la planta con las prisas por llegar a la comida. Por si la situación fuera poco caótica, a veces incluso se hacía sonar un cuerno. Otro planteamiento, sugerido por el filósofo y naturalista griego Teofrasto en el 230 a. e. c., era aún más elaborado. Consistía en hacer tres círculos alrededor de la planta con una espada y orientarse en dirección oeste mientras se murmuraban conjuros y se cortaba la raíz. En la Edad Media, surgió otro mito según el cual la mandrágora solo se propagaba bajo la horca del verdugo, cuando brotaba justo donde había caído la orina y el semen de un hombre ahorcado.

La finalidad de estos complejos rituales era dificultar la recolección de raíces de mandrágora para desalentar a los recolectores ocasionales, que podían cometer el error de arrancarlas antes de que maduraran en

Ilustración del siglo XVI en la que un perro hambriento atado a una mandrágora la arranca.

143

torno a los tres años. Esto se debe a que las raíces iban muy buscadas y, por tanto, eran valiosas. Puesto que la mandrágora no era tan abundante o fácil de cultivar como otras especies medicinales y mágicas de la época medieval, las raíces de otras plantas, como la nueza en Inglaterra (véase p. 112), se hacían pasar fraudulentamente por las de mandrágora en lugares donde esta no crecía en estado silvestre.

¿Qué posibles usos se daban la mandrágora para que fuera tan buscada? Casi cualquier cosa que se le ocurra. La aplicación más antigua que se conoce era como afrodisiaco. Los antiguos griegos relacionaban la planta con la diosa del amor, Afrodita, y Circe, que la utilizó para transformar a los hombres de Ulises en cerdos en la *Odisea* de Homero. La mandrágora también aparece en la Biblia. El Génesis cuenta la his-

Grabado de la Wellcome Collection que muestra la raíz de mandrágora en forma humana. En la parte inferior izquierda de la imagen aparece la raíz de ginseng y, en la inferior derecha, la mandrágora.

toria de Lea y Raquel, dos de las esposas de Jacob. Ambas querían tener en sus manos el fruto aromático de la mandrágora porque estaban convencidas de que era un método infalible para quedarse embarazadas. Los investigadores que han olido el fruto maduro aseguran que tiene un aroma embriagador que evoca «imágenes de la naturaleza virgen, el viento del desierto, la emoción del peligro y la exaltación romántica», por increíble que parezca. Pero han encontrado pocas pruebas que demuestren su eficacia como ayuda para la fertilidad.

Probablemente, el uso medicinal más importante fuera como analgésico y anestésico. Los romanos daban vino de mandrágora a quienes iban a ser crucificados para que murieran antes y sufrieran menos, y la planta formó parte del repertorio de anestésicos primitivos para las operaciones desde la antigüedad hasta la invención de la anestesia moderna a mediados del siglo XIX. Pero también se consideraba una panacea, un remedio que podía curar afecciones cutáneas, problemas digestivos, la gota, la locura y muchas otras enfermedades.

¿Estaba la mandrágora a la altura de su reputación como una maravilla de la medicina medieval? La planta contiene hioscina e hiosciamina, dos alcaloides tropánicos que crean una serie de síntomas en el organismo al actuar sobre el sistema nervioso, como alucinaciones y un efecto narcótico, así como dilatación de pupilas, dolor de cabeza y aumento de la frecuencia cardiaca. En dosis lo bastante altas, se produce una pérdida de conciencia, aunque debido a la imposibilidad de predecir la potencia de la planta tomada, las operaciones realizadas con medicamentos a base de mandrágora hubieran planteado demasiados riesgos, puesto que una dosis excesiva hubiera podido provocar un estado de coma o incluso la muerte.

Las connotaciones mágicas de la mandrágora pesaban tanto como su reputación médica. Se relacionaba con la brujería, hasta el punto de que incluso se enumeraba como ingrediente de los ungüentos voladores (véase p. 109), y las raíces se llevaban como amuletos de protección y fertilidad. Cabe mencionar otros dos mitos relacionados con la planta. Por una parte, al igual que el aro (véase p. 102), se creía que brillaba en la oscuridad, como demuestran varios de sus nombres comunes, como el árabe *sirāğ al-quṭrub*, que significa «vela del diablo». Por otra, la planta también tiene fama de ser un amuleto de buena fortuna, como indican nombres como el alemán *glücksmännchen* («muñeco de la buena suerte»). A partir del siglo XVI, la mandrágora perdió popularidad, tal vez por su mala fama y su relación con la charlatanería. El herbolario inglés John Gerard condenó las «historias ridículas» sobre esta planta y aseguró que había desenterrado muchas raíces de mandrágora sin ningún efecto nocivo.

Actualmente, los casos de envenenamiento son relativamente poco frecuentes, pero, cuando se producen, suelen deberse a que los recolectores confunden las hojas con las de espinaca, acelga o borraja.

ERROR DE IDENTIDAD

En ocasiones, al podófilo (*Podophyllum peltatum*) de Norteamérica se le denomina mandrágora americana. Sin embargo, esta especie no es pariente cercana de la mandrágora, sino que pertenece a la familia del agracejo (berberidáceas). Lo único que tienen ambas especies en común es que ambas son venenosas.

NABO DEL DIABLO

Nombre en latín	Familia	Nativa de
Oenanthe crocata	*Apiáceas*	*Europa occidental y Marruecos*

Aquel que espere morir con una sonrisa en los labios es que nunca ha oído hablar de la *risus sardonicus*. Hoy día, hablamos de risa sardónica para referirnos a una sonrisa cínica o siniestra, pero los orígenes de esta expresión son antiguos y terribles, y remiten directamente al envenenamiento por nabo del diablo. En medicina, la risa sardónica describe la mueca permanente que provoca un espasmo de los músculos de la cara, principalmente los que levantan las comisuras de los labios. Puede deberse a la estricnina (véase p. 240), a la enfermedad bacteriana del tétanos o incluso a un efecto secundario del envenenamiento por nabo del diablo.

Homero y los textos de la antigua Grecia describen la risa sardónica como un fenómeno que se remonta a los colonizadores fenicios de la isla mediterránea de Cerdeña en la época prerromana. Utilizaban una planta venenosa (que los científicos modernos han identificado como el nabo del diablo) para el sacrificio ritual de ancianos y la ejecución de delincuentes. Primero, las víctimas eran envenenadas con la planta, que les provocaba la peculiar mueca como resultado de los espasmos musculares que ocasionaban las toxinas y, después, los mataban a golpes o los tiraban por un precipicio.

La risa sardónica es solo un aspecto del horrible envenenamiento por nabo del diablo. Normalmente el primer síntoma son los vómitos, como en muchos envenenamientos por plantas. La toxina principal, la enantotoxina, es un alcohol graso de cadena larga que actúa rápidamente en el sistema nervioso central de manera parecida a la cicutoxina de su pariente americana, la *Cicuta maculata* (véase p. 44), y provoca convulsiones tan fuertes que, además de la mueca permanente, algunas

146

víctimas experimentan un trastorno conocido como opistótonos por el que la cabeza, el cuello y la columna quedan completamente rígidos en una postura arqueada. Las pupilas dilatadas, las alucinaciones, la sudoración, el letargo y los problemas de respiración son habituales, y, en los casos más graves, también puede darse rabdomiólisis, que hace que los músculos afectados empiecen a descomponerse y mueran. Cuando existe rabdomiólisis, los materiales del músculo en descomposición entran en el torrente sanguíneo, incluida la proteína mioglobina, que es tóxica para los riñones. El resultado final es un ataque al corazón o el fallo de otros órganos.

No cabe duda de que es una muerte que nadie desea. El problema del nabo del diablo es que tiene muchos dobles. Como miembro de la familia de las umbelíferas, su aspecto y olor son parecidos a los de muchas de sus especies hermanas que comparten los mismos paisajes, incluidas especies comestibles como el apio (*Apium graveolens*) y la chirivía (*Pastinaca sativa*) silvestres y especies venenosas como la cicuta mayor (*Conium maculatum*, véase p. 178) y la cicuta acuática (*Cicuta virosa*). Y los que lo han probado y han vivido para contarlo están de acuerdo en que carece de un sabor amargo que advierta de su toxicidad. De hecho, aseguran que su sabor es agradablemente dulce.

Oenanthe significa «flor del vino» en griego antiguo, lo que evoca el perfume de las flores. Algunas crónicas históricas de envenenamientos por esta planta también hablan de síntomas de aturdimiento y embriaguez. Al parecer, a veces basta con oler las flores para notar sus efectos. Georg Dionysius Ehret, un botánico e ilustrador botánico alemán del siglo XVIII, sintió un «mareo» al oler la planta mientras intentaba dibujarla y tuvo que abrir las puertas y las ventanas de la habitación en la que trabajaba para continuar.

Esta planta amante de los lugares húmedos crece en pantanos y junto a arroyos y cunetas. Normalmente mide 1,5 metros de alto, y produce tallos huecos y lampiños cubiertos de follaje profundamente dentado que es fácil confundir con el del perejil o el apio. En verano, el nabo del diablo da flores que parecen fuegos artificiales blancos en miniatura, seguidas de grupos de semillas ovaladas marrones.

Aunque es una planta muy tóxica, los casos de envenenamiento son relativamente poco frecuentes. En la época victoriana causó muchas muertes porque era habitual dejar que los niños recolectaran plantas lejos de casa, lo que en ocasiones era un peligro. En las últimas décadas, los científicos están cada vez más preocupados por el riesgo que entraña para las personas que intentan «vivir de la tierra» y salen a recolectar plantas sin tener conocimientos ni formación para distinguir las umbelíferas comestibles de las tóxicas.

En 2002, el *Emergency Medicine Journal* se hizo eco del caso de ocho personas que estaban de vacaciones en Argyll, Escocia, y comieron distintas cantidades de un curri preparado con lo que creían que eran raíces comestibles, aunque posteriormente se descubrió que eran de nabo del diablo. Todas padecieron síntomas de envenenamiento, pero cuatro de ellas necesitaron asistencia hospitalaria porque sufrieron convulsiones. Las ocho personas sobrevivieron gracias a la rápida asistencia y al hecho de que las toxinas se destruyeron a través del proceso de cocción. En los medios suelen publicarse artículos que advierten del peligro del nabo del diablo que las tormentas y las inundaciones arrastran a las playas y orillas de ríos. Los grupos de raíces blancas carnosas parecen manojos de zanahorias blancas o raíces de dalia, aunque también le han valido a esta planta el oportuno nombre común de dedos de cadáver.

149

RODODENDRO

Nombre en latín	Familia	Nativa de
Rhododendron ponticum	*Ericáceas*	*Partes de Europa y el Cáuscaso*

Como táctica de la guerra de guerrillas, tentar al enemigo con miel puede que no parezca la estrategia más efectiva, pero, cuando se trata de la «miel loca» obtenida del néctar venenoso de las flores de rododendro, la cosa cambia.

Gracias a una emboscada literal de miel loca, el antiguo líder Mitrídates el Grande ganó una victoria militar tan memorable que, más de dos mil años después, aún se habla de ella. Mitrídates VI Eupator fue rey de Ponto (en el nordeste de la Turquía actual) entre los años 120 y 63 a. e. c. y enemigo acérrimo del Imperio romano. Además, era un experto en venenos y sus antídotos que fue víctima de un intento de envenenamiento y estaba dispuesto a experimentar los efectos de las plantas tóxicas en sus propias carnes. Hasta el punto de que dio nombre al mitridatismo, la adquisición de inmunidad a un veneno a través de la administración en dosis progresivas pero muy pequeñas del mismo.

Durante la tercera guerra mitridática, el ejército del general romano Pompeyo Magno persiguió a Mitrídates y a sus tropas a través de las montañas del Cáucaso. Al parecer, los romanos no dudaron en dar buena cuenta de los cuencos de miel que encontraron convenientemente a su paso, toda una tentación después de un viaje tan largo. La miel loca no tardó en hacer efecto y los dejó completamente incapacitados (según una antigua crónica, «perdieron el juicio»), con lo que fueron una presa fácil para los aliados de Mitrídates del lugar. El pueblo de los heptacomitas salió de su escondite y se zafó de los soldados romanos embriagados, con el resultado de entre 480 y 1800 hombres muertos. ¿Urdió Mitrídates, el maestro de los venenos, el plan por sí solo o fue cosa de los heptacomitas, que eran conocidos por sus innovadoras tácticas militares? Existen distintas versiones de la historia, pero Mitrídates hubiera dado su aprobación a la guerra asimétrica con armas vegetales de los heptacomitas.

Hoy día, el rododendro es más conocido como un arbusto perenne ornamental que florece a finales de primavera y principios de verano, pero la miel de color rojo oscuro algo amarga que se obtiene de sus flores también se conoce en todo el mundo por su toxicidad, sus efectos alucinógenos y sus usos en la medicina tradicional. Es imposible saber exactamente qué especie de rododendro proporcionó la fuente de la emboscada de la miel loca de los heptacomitas, pero no cabe duda de que era una de las cinco nativas de Turquía, probablemente la azalea amarilla (*R. luteum*) y el rododendro común con sus flores entre púrpuras y malvas. Aún hoy, son las dos especies principales con las que se obtiene la miel loca de la región.

Los rododendros son muy ricos en grayanotoxinas, un tipo de neurotoxinas denominado diterpenos que afectan a las células nerviosas, especialmente el cerebro y el corazón. Muchos miembros de la familia del brezo (*ericáceas*) contienen toxinas parecidas, incluida la *Kalmia angustifolia*, conocida como laurel de oveja porque es peligrosa para el ganado. Los casos de muerte por miel loca son sumamente raros, salvo que sean precursores de una emboscada militar como la que tendieron a los hombres de Pompeyo. Tres siglos antes de que los romanos fueran el objetivo, miles de soldados griegos se intoxicaron tras saquear colmenas en la misma región. En este caso, el envenenamiento fue fortuito y los hombres se recuperaron en cuestión

Grabado de la abeja europea (véase p. 155).

de días. En la mayoría de los casos de envenenamiento por miel loca la recuperación es rápida, puesto que el cuerpo humano procesa y deshecha las grayanotoxinas bastante deprisa. En los casos leves, los síntomas desaparecen al cabo de unas horas e incluyen vómitos y diarrea, debilidad y trastornos mentales. En los más graves, el corazón puede latir más despacio o a un ritmo irregular, lo que requiere unos días de hospitalización.

Las grayanotoxinas protegen las plantas al advertir a los herbívoros, por lo que tiene sentido que las hojas de las plantas sean ricas en estas toxinas, aunque ¿por qué evolucionaron los rododendros para

producir el néctar venenoso teniendo en cuenta que el objetivo de esta sustancia dulce y pegajosa es atraer insectos polinizadores a las flores? Los estudios científicos aún no han hallado la respuesta definitiva, pero cabe mencionar que las toxinas que afectan a los mamíferos de alguna manera causan un efecto completamente distinto (o ninguno) en invertebrados como las abejas. Una teoría es que los rododendros han evolucionado para atraer a los polinizadores más eficaces y, a la vez, ahuyentar a otros que simplemente están interesados en robar el néctar o polinizan de un modo menos eficaz. Los investigadores han descubierto que el efecto del néctar de rododendro en las abejas es distinto en función de la especie. Para algunas es letal y para otras, inofensivo, mientras que a algunas especies no las mata, sino que el néctar no les gusta lo bastante para libarlo.

Puede que la miel loca no vuelva a utilizarse con fines bélicos, pero actualmente aún se produce, sobre todo en Turquía y Nepal. Se le atribuyen propiedades medicinales desde la antigüedad y la mencionan figuras como Aristóteles y Plinio. Hoy día, la *deli bal*, como se conoce

154

en Turquía, se toma en pequeñas dosis para combatir muchas enfermedades, incluidas la impotencia y la hipertensión, y como afrodisiaco. En Nepal, los recolectores de miel loca escalan enormes paredes rocosas en busca de las colmenas de la abeja más grande del mundo, la melífera del Himalaya, cuyos panales son tan valiosos que están dispuestos a correr el riesgo de sufrir picaduras y caídas.

Los casos de envenenamiento por miel loca tienden a aumentar en Turquía y Nepal, sobre todo entre los hombres que están convencidos de que mejorará su potencia sexual, como una suerte de Viagra vegetal. Cabe destacar que las concentraciones de grayanotoxinas varían considerablemente de una planta a otra, lo que también influye en la potencia de la miel loca. Al parecer, la que se obtiene en primavera es muy fuerte. También hay casos esporádicos de envenenamientos causados por confusiones con otras especies o, en niños, por consumo accidental de flores de rododendro.

ENTRE ABEJAS ANDA EL JUEGO

En Gran Bretaña e Irlanda, el rododendro común no se conoce por la miel loca, sino porque es una especie invasora. Se introdujo en 1763 como arbusto ornamental en mansiones y jardines botánicos, pero pronto se extendió por todo el paisaje, donde se reproduce rápidamente a través de semillas y retoños y desplaza a las especies nativas. Hoy día sigue siendo una amenaza, por lo que es curioso que en estos países prácticamente no haya constancia de envenenamientos por miel loca. Esto podría deberse a que el néctar de rododendro es letal para la abeja europea, por lo que estos insectos han aprendido a evitarla y no existe producción. En Turquía y alrededores, las especies dominantes de abejas consumen el néctar sin sufrir ningún daño y producen la miel loca que ha dado fama a la región.

155

TEJO

Nombre en latín	Familia	Nativa de
Taxus baccata	*Taxáceas*	*Europa y el este, hasta Irán, y noroeste de África*

Nuestra relación con el tejo se remonta a mucho antes del comienzo de la historia humana conocida. En 1911, se descubrió una lanza de madera de tejo de hace unos 420 000 años en Clacton-on-Sea, Essex, Inglaterra. Se considera el artefacto de madera más antiguo del mundo del que se tiene constancia, una prueba de que nuestros antepasados del Paleolítico supieron aprovechar la resistente madera de grano cerrado del tejo tanto tiempo atrás.

Todas las partes del árbol, desde la corteza y la madera hasta las hojas en forma de aguja, son venenosas, excepto el arilo en forma de baya, el receptáculo carnoso que envuelve las semillas tóxicas. Las sustancias químicas venenosas del tejo se han calificado de «una auténtica caja de Pandora de compuestos», pero, sin duda, las más perjudiciales son unos alcaloides llamados taxinas, la más potente de las cuales es la taxina B. Estas sustancias bloquean los canales de sodio y calcio en el corazón y provocan una disminución de la función cardiaca y arritmia. Afortunadamente, dada su gran toxicidad y la ausencia de un antídoto, hoy día los casos de envenenamiento por tejo son raros, y la mayoría obedecen a intentos de suicidio.

Es pertinente que el primer uso conocido del tejo fuera como arma, porque desde los orígenes de la historia conocida, y, probablemente, mucho antes, este árbol se ha asociado con la muerte y la resurrección. Hace siglos, se enterraba a los difuntos con ramas de tejo en sus ataúdes o se frotaban sus cuerpos con las hojas. El árbol era sagrado para los druidas (una orden religiosa que se remonta al siglo III a. e. c.), que lo plantaban en lugares de culto, mientras que, en su *Historia natural* del siglo I a. e. c., el escritor romano Plinio el Viejo cuenta que los frascos de madera de tejo se utilizaban para envenenar a los soldados. En torno a la misma época, Julio César dejó constancia de que el rey jefe Catuvolco, líder de la tribu de los eburones que se rebeló contra

el Imperio romano, se suicidó con una infusión de corteza de tejo. En *Ricardo II*, Shakespeare se refiere al tejo como «doblemente mortal» porque, además de ser tóxica, la madera de tejo era la materia prima del arma fundamental de la época, el arco largo, apreciada por su solidez y elasticidad.

La popularidad del tejo como material para construir el arco largo, unida a su toxicidad, podría explicar que haya muchos menos ejemplares en Europa que antiguamente. Aun así, hoy día sigue siendo un árbol popular de jardín como seto o para poda ornamental. Levens Hall, en Cumbria, Inglaterra, cuenta con el jardín topiario más grande del mundo, con tejos recortados de hasta trescientos años de antigüedad. En otras partes del Reino Unido y Europa hay especímenes que cuentan con varios miles de años, lo que les ha valido el reconocimiento de

158

«milenarios». El tejo de Fortingall, en Perthshire, Escocia, se considera la especie más antigua del Reino Unido, y se calcula que podría tener entre 3000 y 9000 años.

Con el tiempo, el tejo puede alcanzar los 20 metros de alto, pero crece despacio y, a menudo, se queda hueco por dentro al llegar a una edad avanzada. La mayoría de los especímenes realmente antiguos se encuentran en los cementerios. Existen muchas teorías del porqué. Una de las más sorprendentes es que, quienquiera que plantara los árboles, estaba convencido que los tejos absorbían los «vapores» que se creía que liberaban los cadáveres enterrados debajo y alrededor de estos árboles. De esto podría deducirse que los lugares de culto cristianos tendían a suplantar los lugares sagrados celtas y druidas más antiguos, por lo que los tejos podían ser anteriores a las iglesias. En términos más prosaicos, también es probable que la naturaleza tóxica del tejo impidiera que los granjeros dejaran pastar el ganado en los cementerios, o que su forma robusta creara un grueso dosel de hoja perenne que protegiera los edificios de las iglesias de las tormentas. Asimismo, el Domingo de Ramos se utilizaban ramas de tejo en lugar de hojas de palma, por lo que si había un tejo plantado al lado de la puerta de la iglesia las tenían a mano.

Los tejos son dioicos, lo que significa que los árboles son macho o hembra. Los masculinos producen enormes nubes de polen amarillo en primavera procedentes de los diminutos conos repartidos a lo largo de las ramas (cuidado si padece alergia), mientras que los femeninos dan frutos parecidos a bayas en otoño. Estos frutos (los arilos, con una semilla en su interior), que no son tóxicos, se los comen aves grandes como el tordo y el mirlo, así como los tejones. Los efectos del tejo en el ganado y otros animales parecen muy variables: a veces el ganado vacuno y ovino se come las hojas y no sufre ningún efecto adverso, pero en otras muere tras la ingestión. La razón de esta variación podría deberse al árbol, la época del año o a si el animal tenía el estómago vacío.

En todo el mundo existen otras 11 especies de tejo y la mayoría son venenosas hasta cierto punto, aunque el norteamericano tejo del Pacífico (*Taxus brevifolia*) es conocido por ser la fuente del medicamento anticancerígeno paclitaxel, descubierto y fabricado a partir de la corteza en la década de 1970. En la década posterior, los científicos descubrieron que podía obtenerse otro medicamento anticancerígeno, el docetaxel, a partir del tejo europeo. Estos fármacos han aumentado la esperanza de vida de pacientes de cáncer de todo el mundo, el contrapunto perfecto de la mala reputación de este árbol.

159

ÁFRICA

Desde los hábitats subtropicales de las provincias del Cabo de Sudáfrica donde vive el melero (véase p. 186) hasta los desiertos y matorrales áridos del norte de África donde prospera el algodón de seda (véase p. 174), el continente africano concentra una gran variedad de biomas de plantas muy distintos. También alberga dos plantas tan venenosas que de ellas se obtienen la ricina y la abrina (véanse págs. 162 y 194), dos armas biológicas.

ÁRBOL DEL ROSARIO

Nombre en latín	Familia	Nativa de
Abrus precatorius	*Fabaceae*	*África, Oriente Medio, Asia y Australia*

Las semillas del árbol del rosario son extrañamente uniformes, sumamente duras y mortalmente venenosas. Esta especie no está genéticamente emparentada con el ricino (véase p. 194), pero, químicamente, su toxina principal, la abrina, es casi idéntica a la ricina, con la diferencia de que es aún más mortífera. La dosis letal de abrina es de 0,1-1 microgramos por kilo, mientras que la de la ricina es de 5-10 microgramos por kilo. A veces basta comerse una o dos semillas para causar la muerte.

Ambas plantas son tan venenosas que se consideran armas bioló-gicas, aunque la ricina es la sustancia que se ha utilizado más a menudo con este fin, principalmente porque existe una mayor disponibilidad. El árbol del rosario sigue siendo una planta básicamente silvestre. Es nativo de grandes regiones de África, el subcontinente indio y Australia, pero se ha extendido a otras regiones tropicales como mala hierba invasora. Los humanos no la han cultivado masivamente, al contrario que el ricino, del que se cultivan millones de plantas para obtener aceite, con lo que el subproducto rico en ricina está ampliamente disponible como fuente potencial para fabricar veneno.

Al contrario que las semillas de ricino, las del árbol del rosario son habas genuinas, puesto que la especie pertenece a la familia de las fabáceas. Además, al contrario que las del ricino, que son más bien anodinas, son muy bonitas: escarlatas con una mancha negra alrededor del hilio, una pequeña cicatriz que marca el punto en el que la semilla se unió a la vaina parecida a la del guisante. La planta es una trepadora sarmentosa que alcanza los 3 metros de largo. Las bonitas flores ro-sadas que destacan entre el follaje profundamente dentado preceden a las semillas, que aparecen cuando las vainas se secan y se abren. Es una planta oportunista que suele proliferar en terrenos alterados por la acción humana, como bordes de carreteras, y crece rápidamente

en zonas donde los incendios forestales han arrasado la vegetación. Lamentablemente, el hábil traje de mariquita de las semillas atrae a los niños, que creen que tendrán un sabor tan agradable como su aspecto. Como las semillas de ricino, tienen un revestimiento tan coriáceo y duro que es posible comérselas sin envenenarse, siempre y cuando no se mastiquen y liberen las toxinas. Sin embargo, no se recomienda en ningún caso hacer la prueba.

Como la ricina, la abrina es una proteína tóxica que impide que las células humanas realicen la función vital de fabricar sus propias

proteínas. Los síntomas del envenenamiento por árbol del rosario son los mismos que por ricino: diarrea y vómitos, seguidos de problemas cardiacos, convulsiones y fallo orgánico. Hay constancia de muchos casos de envenenamiento, tanto fortuitos como intencionados, pero la planta también se ha utilizado históricamente para un tipo de envenenamiento malintencionado llamado *sui* o *sutari* que estuvo en auge en el siglo XIX, sobre todo dirigido al ganado, pero a veces también para matar personas. Las semillas se machacaban, se molían y se secaban en forma de agujas de 2-3 centímetros de largo que se inyectaban en la piel.

El árbol del rosario ha desempeñado dos funciones distintas pero fundamentales en el mundo de la joyería. Mucho antes de la invención de las balanzas electrónicas, los joyeros del subcontinente indio necesitaban un método para pesar con precisión gemas y metales preciosos. Se dieron cuenta de que, al contrario que otras habas, las semillas del árbol del rosario tenían un peso notablemente uniforme, así que empezaron a utilizarlas como unidad de medida que aún hoy se utiliza. Se llamaban *ratti* o *rati*, del sánscrito *raktikā*. Cada *ratti* pesaba 0,182 gramos, lo que equivale a 0,9 quilates. Por otra parte, sus bellas semillas se han utilizado para confeccionar collares, brazaletes y rosarios, como su nombre científico indica (*pecatorious* significa «devoto»). Esto conlleva un riesgo, puesto que son tan venenosas que si se mastica un collar de semillas de árbol del rosario podría acabarse en el hospital. En 2011, el Proyecto Edén, una atracción turística de Cornualles, Inglaterra, emitió un aviso de retirada urgente de unas pulseras hechas con semillas de esta planta que tenían a la venta. Uno de los horticultores de las instalaciones las había visto en la tienda, las identificó como venenosas y dio la voz de alarma.

Históricamente, el árbol del rosario ha sido tanto beneficioso como perjudicial. Varias partes de la planta han desempeñado un papel fundamental en la medicina tradicional de sus lugares de origen, con muchas aplicaciones documentadas en la literatura científica: las semillas se trituran para eliminar las toxinas y se utilizan como afrodisiaco; las hojas curan la tos y los resfriados, y la raíz se utiliza para curar la malaria, las mordeduras de serpiente y el dolor estomacal. No existe consenso acerca de la toxicidad de las hojas, pero, al parecer, son dulces y se toman como alternativa al regaliz porque contienen glicirrina, el mismo compuesto químico que confiere a la raíz de regaliz su sabor característico, hasta el punto de que otro nombre común del árbol del rosario es regaliz indio. Los científicos aún analizan los compuestos químicos del árbol del rosario, pero han descubierto que tiene el potencial de destruir células cancerígenas.

EL HOMBRE DEL TIEMPO

El epílogo de la historia del árbol del rosario es un tanto peculiar. Hubo una época en la que se creía que esta planta era tan buena para predecir el tiempo que miles de ejemplares se transportaron por todo el mundo para crear «estaciones meteorológicas» capaces de predecir no solo cuándo llovería, sino también la llegada de terremotos y erupciones volcánicas con unas 48 horas de antelación. El proyecto era obra del científico austriaco Josef Nowack, que estaba tan seguro de él que patentó la idea en 1887. En pocas palabras, según esta teoría, si las hojas estaban en posición horizontal, quería decir que el tiempo iba a cambiar; si estaban en posición vertical, haría buen tiempo, y si estaban caídas, haría mal tiempo. Si bien las hojas del árbol del rosario se mueven, como las de muchas especies de la familia de las leguminosas, las pruebas que llevaron a cabo los científicos de los jardines botánicos de Kew, en Londres, no obtuvieron la precisión prometida por el profesor, y su ambicioso proyecto nunca se materializó, sino que pronto fue desbancado por métodos más precisos.

ACOCANTERA

Nombre en latín	Familia	Nativa de
Acokanthera schimperi	*Apocináceas*	*África oriental y Yemen*

La rata crestada africana es la viva imagen de un «peinado de muerte». Este herbívoro nocturno ha evolucionado para extraer las toxinas que produce la acocantera y defenderse del ataque de mamíferos más grandes.

Comparte el mismo territorio que el árbol en África oriental, vive en madrigueras y sale de noche a alimentarse de plantas. Tiene el tamaño aproximado de un conejo, pero se parece más a una mofeta en miniatura que a la típica rata. Si se ve sorprendida, su largo pelo grisáceo se eriza en forma de cresta y deja a la vista una zona de pelo más corto a rayas blancas y negras a ambos lados. Cuando se siente atacada, muestra este llamativo pelaje a su agresor. No fue hasta 2011 cuando los científicos publicaron los resultados de una investigación que confirmaba que esta exhibición no era una amenaza sin sentido. Se había visto que los perros que intentaban atacar a las ratas crestadas morían o enfermaban, con síntomas como espuma por la boca y falta de coordinación. Los que sobrevivían tenían miedo cuando volvían a enfrentarse al mismo animal.

Los científicos que observaron el comportamiento de las ratas salvajes en cautividad confirmaron que desprendían y masticaban la corteza y las hojas de la acocantera y, con la saliva, esparcían esta sustancia tóxica por los pelos especiales de los flancos. El análisis de estos pelos reveló una estructura insólita: una capa externa en forma de panal y un grupo de microfibras en el interior para recoger el veneno. Se ha observado que otras especies de ratas, así como algunas de erizos y monos, depositan saliva en los pinchos o el pelaje en un proceso denominado unción, pero la capacidad de la rata crestada africana de empapar su pelaje con potentes toxinas es, hasta donde saben los científicos, única entre los mamíferos. Como se envenena el pelo, sus predadores naturales, como el ratel, el serval y el leopardo, están advertidos para no atacarla más de una vez.

Este comportamiento resulta aún más increíble cuando se compara con la realidad de la toxicidad de la acocantera. Este árbol es un cliente exigente. El terreno rocoso, las dunas y las laderas boscosas empinadas no son ningún impedimento para esta especie resistente a la sequía, que crece en forma de arbusto de varios tallos o arbolito que alcanza los 7 metros de alto, y también se cultiva como árbol de sombra y seto. Todas las partes de la planta (salvo los frutos maduros) son ricas en glucósidos cardiacos que detendrán el corazón de quienquiera que las consuma salvo que sea una cantidad ínfima. Antiguamente, la acocantera se cultivaba mucho para envenenar las flechas para cazar, incluidas, al menos históricamente, grandes presas como elefantes. Se han documentado casos de pájaros que han muerto después de beber el néctar de esta planta, así como envenenamientos de niños que han ingerido el fruto verde inmaduro. Los monos y otros animales se comen el fruto maduro, que recuerda a una ciruela negra, y los humanos también cuentan con él como fuente de alimento, pero solo en épocas de hambruna. Esto obedece a que es una fuente de posibles envenenamientos fortuitos y a su sabor amargo.

El glucósido cardiaco principal de la acocantera, la ouabaína, también está presente en otras especies de plantas venenosas utilizadas para cazar, como el estrofanto (véase p. 200), y tradicionalmente se ha utilizado en medicina para la insuficiencia cardiaca congestiva y otras afecciones del corazón. La medicina tradicional africana y yemení también utilizan partes de la planta: atan las hojas y la corteza a la piel para curar heridas; usan las hojas para curar eczemas, resfriados y amigdalitis, y aprovechan la raíz para curar enfermedades de transmisión sexual.

Los venenos de flecha obtenidos de este árbol se preparan de distintas formas según la región. Se utilizan la corteza, la madera y las raíces, así como otras plantas, como distintas especies de *Strophanthus* y también algunas *Euphorbias*. Los ingredientes se hierven largo tiempo en una olla hasta que el líquido se evapora y deja un residuo pegajoso negro que puede almacenarse en un lugar oscuro, envuelto en hojas o papel, hasta que vaya a aplicarse a las flechas.

Los venenos que se obtienen son notablemente estables y pueden guardarse cierto tiempo sin degradarse, lo que resulta práctico para el fabricante de veneno, que puede prepararlo por tandas para vender o guardarlo para utilizarlo más adelante. Esta durabilidad también da a entender que la rata crestada africana tal vez no precise masticar y aplicarse la corteza en el pelo con demasiada frecuencia para mantener su protección venenosa. El largo pelo gris que cubre los flancos impregnados de veneno evita que el agua arrastre las toxinas, pero ¿cómo evita envenenarse el animal? Los científicos aún no lo han averiguado, pero han comprobado que las ratas tienen unas glándulas salivales más grandes de lo normal, lo que explicaría parte del misterio. Otra teoría sugiere que sus intestinos podrían contener bacterias especializadas capaces de degradar de algún modo las toxinas de la planta para protegerlas. El descubrimiento del mecanismo de este ingenioso truco podría suponer un avance en la ciencia de la inmunología de formas que solo podemos predecir.

ROSA DEL DESIERTO

Nombre en latín	Familia	Nativa de
Adenium obesum	*Apocináceas*	*África tropical y la península arábiga*

L a rosa del desierto es la hermana pequeña bajita de otra especie africana icónica, el baobab (*Adansonia spp.*). Su tronco sumamente hinchado puede alcanzar de 1 a 2 metros de alto y de ancho, y en la parte superior le crecen unas ramas larguiruchas llenas de flores parecidas a las rosas. Como dice el botánico Theo Campbell-Barker, la rosa del desierto encajaría de maravilla en una pintura del artista surrealista Salvador Dalí.

Mientras que el fruto del babobab se considera una «superfruta», la rosa del desierto tiene fama de infligir un desagradable castigo a quien se atreva a darle un mordisco. Carece de los pinchos de la rosa de jardín, pero causa daño a través de un cóctel de más de 30 glucósidos cardiacos, muchos de ellos parecidos a los que contiene la dedalera (véase p. 131). Estos hacen que el corazón tenga un latido más lento e irregular, lo que provoca parada cardiaca y, en los casos más graves, la muerte.

La rosa del desierto está clasificada como planta suculenta porque almacena agua y nutrientes en su cuerpo dilatado. Este paquicaulo, que significa que tiene el tallo grueso, le permite prosperar en climas secos donde escasea el agua. Destaca en los paisajes semiáridos en los que crece en estado silvestre. Las flores, de tonalidades rosas, rojas y, a veces, blancas, brotan en primavera, a menudo cuando la planta carece de hojas, de las que se desprende para retener mejor la humedad. Sus raíces grandes y profundas desempeñan un valioso papel estabilizador en la preservación del suelo, puesto que ayudan a compactar la tierra para evitar la erosión del viento y el agua. Una subespecie de la rosa del desierto nativa de la isla de Socotra, frente a la costa de Yemen, es conocida porque es especialmente alta con sus 3,5 metros.

Existen datos históricos del uso de la rosa del desierto con fines nefarios, incluido como veneno de ordalía para averiguar la culpabilidad o la inocencia de alguien (para más información sobre los venenos de ordalía, véase p. 190). Pero algunas de sus aplicaciones son prácticas, no perniciosas. Los pueblos indígenas de Kenia, Tanzania y otros países africanos y árabes donde prospera la rosa del desierto aprovechan desde hace mucho su látex lechoso, que aplican a las heridas y los dientes con caries para sanarlos, además de embadurnar el cuero cabelludo con ella para matar piojos. La infusión de la corteza sirve de remedio para los parásitos de la piel, como las garrapatas del ganado, y de veneno para peces. Y tanto el látex como otras partes de la planta se han utilizado como veneno de flecha para cazar en varias partes de África. La planta también tiene aplicaciones medicinales tradicionales. En Omán y zonas

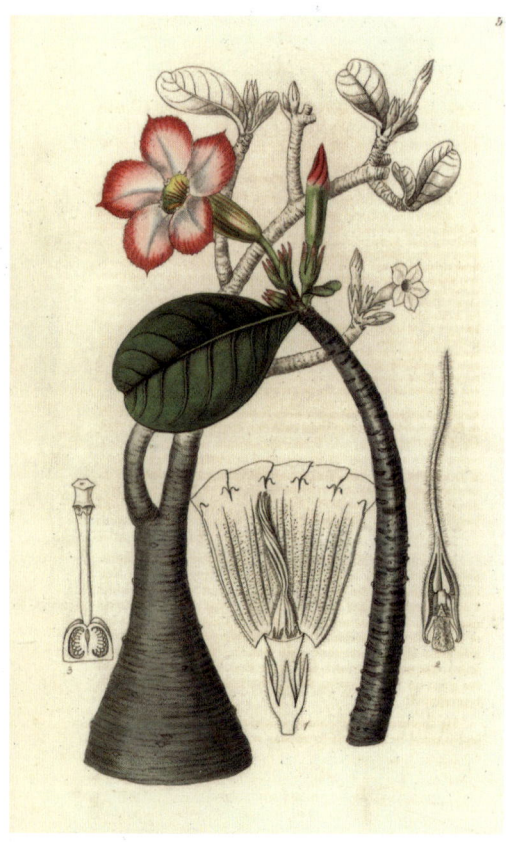

de África se utiliza para las enfermedades venéreas, mientras que en Somalia el látex se usaba para las infecciones nasales. Actualmente, un estudio científico apunta a los posibles beneficios de los compuestos químicos de la rosa del desierto para el tratamiento del cáncer, el control de los niveles de azúcar en diabéticos y la inflamación, pero se requiere más investigación para desarrollar medicamentos a partir de los extractos de la planta.

A pesar de su toxicidad, la peculiar belleza de la rosa del desierto se ha extendido por todo el mundo, y se ha convertido en una popular planta de interior y exterior que se ha naturalizado en países más cálidos, incluidos Sri Lanka y Tailandia. En maceta, adopta naturalmente una forma más pequeña que los ejemplares silvestres, que suelen ser del tamaño de un tonel. Las plantas pueden empequeñecerse aún más con técnicas de bonsái para recortar las raíces y podar los tallos. Algunos cultivadores incluso le dan la vuelta a la planta para obtener formas de crecimiento peculiares, de modo que las raíces queden hacia arriba y los tallos se claven en el suelo. Que siga creciendo de esta manera dice mucho de la durabilidad de la planta.

Los sistemas de reproducción extensivos, principalmente en el sudeste asiático, donde esta planta es muy popular, han dado cientos de híbridos y cultivares de la rosa del desierto, por lo que ahora es posible cultivar flores solitarias y dobles de cualquier color, del blanco puro al púrpura más oscuro, moteadas, salpicadas y veteadas con rosas, rojos y cremas, y con el potencial de florecer casi permanentemente todo el año. Si opta por cultivar una rosa del desierto en casa o el jardín, póngase guantes para trasplantarla y manténgala alejada de los niños y los animales de compañía. El látex es perjudicial para los ojos y, si se consume, venenoso.

LA FLOR DE LA RIQUEZA

En chino mandarín, la rosa del desierto se conoce como *fu gui ha* («flor de la riqueza»), y es popular entre los practicantes de *feng shui*. Su tallo ancho representa la abundancia, por lo que, cuanto más grueso sea, más le sonreirá el futuro. Las plantas de pétalos rosas o rojos son muy apreciadas, puesto que los vivos colores representan la vida, mientras que las flores blancas están relacionadas con la muerte y la melancolía.

ALGODÓN DE SEDA

Nombre en latín	Familia	Nativa de
Calotropis procera	*Apocináceas*	*África, Oriente Medio y partes de Asia*

Cualquiera que arranque los frutos del algodón de seda para calmar la sed se llevará una decepción. Aunque parezcan una naranja grande y verde, basta apretarlos para ver que los arrugados frutos ovoides están llenos de aire, cuentan con un montón de semillas cubiertas de pelo dispuestas en forma de piña y no tienen ni gota de jugo. ¿Y la «leche» que el resto de la planta produce cuando se magulla? Tampoco es una bebida agradable. Si se la traga, la boca le arderá y el corazón podría flaquearle, mientras que si le entra en los ojos podría quedarse ciego.

Este habitante de terrenos baldíos, montones de basura, bordes de carreteras, dunas costeras y otros hábitats desfavorables podría parecer la encarnación del mal, pero esto implicaría ignorar las numerosas formas en las que los humanos han aprovechado sus recursos. Se ha utilizado como veneno, pero también para medicamentos, fibras, combustible, material de construcción, ofrendas religiosas e ingrediente para hacer queso y curtir.

La toxicidad de la planta se debe a su rica variedad de glucósidos cardiacos, unas toxinas que atacan al corazón. Algunos se encuentran en los tejidos, pero es la savia lechosa la que es más rica en veneno. Una toxina, la calotropina, se encuentra principalmente en las hojas y el tallo, y es entre 15 y 20 veces más venenosa que la estricnina (véase p. 240). El envenenamiento fortuito se produce cuando el látex lechoso entra en los ojos, a veces cuando se recolectan las flores blancas y moradas para ofrendarlas al dios hindú Shiva durante el culto. El resultado es una sensación de ardor, enrojecimiento y pérdida de visión temporal que puede durar días. Los ojos de los soldados también padecen la

exposición accidental a la savia cuando atraviesan zonas áridas en la oscuridad en las maniobras nocturnas.

El algodón de seda crece como arbusto o arbolito, a menudo en terrenos alterados o empobrecidos. Se desarrolla en la tierra seca y tolera la sal. Normalmente crece en solitario, puesto que prefiere estar a pleno sol y se resiente de la sombra de otras plantas, pero también es alelopático, lo que significa que produce sustancias químicas que inhi-

ben el crecimiento de las plantas competidoras.

Debido al vigor y la capacidad para prosperar en suelos pobres y contaminados, el algodón de seda se ha extendido a climas tropicales y subtropicales lejanos a su área de distribución nativa. Se cree que las semillas de la planta llegaron a Queensland, Australia, a principios del siglo XX, cuando las fibras que llevaban adheridas a ellas se utilizaron como relleno de las sillas de los camellos importados para trabajar como bestias de carga que hacían el recorrido entre la cabecera del ferrocarril de Mungana y las minas de cobre situadas a 10 kilómetros.

Como otros miembros de las apocináceas que aparecen en este libro, tradicionalmente el algodón de seda se ha utilizado en África como veneno de flecha y como sustancia venenosa para matar ganado y personas. Los apicultores cortan las plantas próximas a las colmenas para que no envenenen la miel. A veces el látex se denomina «mercurio vegetal» porque, al parecer, los síntomas que produce son parecidos a los del envenenamiento por mercurio: vómitos, diarrea, convulsiones, temblores y, en el peor de los casos, la muerte. También se ha tomado para provocar abortos, aunque esta peligrosa práctica a veces se salda con la muerte de la madre.

176

El algodón de seda tiene otras aplicaciones prácticas menos tóxicas. Con la madera liviana se hace carbón y boyas para redes de pesca, y las fibras adheridas a las semillas se usan para rellenar colchones y, como se ha dicho anteriormente, sillas de camellos. Los tallos son fibras naturales para hacer cuerdas y cubrir tejados, y actualmente se investiga su utilidad como material aislante sostenible. La corteza del tallo sirve para preparar y curtir pieles. En cuanto al látex, en África occidental se utiliza para coagular la leche para hacer queso y actualmente se está investigando más a fondo como una alternativa al cuajo animal.

Pese a su toxicidad, el algodón de seda también tiene varias aplicaciones en la medicina tradicional de los numerosos países donde crece, del tratamiento de la lepra y las úlceras genitales al dolor de muelas y encías. En estos casos, la corteza, las hojas, el tallo, la raíz o las flores se utilizan como remedio natural. La ciencia moderna ha hecho muchas incursiones en la investigación de estos tratamientos. Los estudios han demostrado que, en efecto, la planta tiene propiedades antiinflamatorias, anticancerígenas, cicatrizantes, antivirales, antibacterianas y antifúngicas, aunque se requieren más estudios para transformar este potencial en medicamentos humanos seguros.

Para terminar, un último dato curioso sobre el algodón de seda. Se cree que la planta es muy efectiva para ahuyentar serpientes por su olor. Por eso forma parte del kit del encantador de serpientes y se cuelga en las puertas de las casas para mantener alejados a estos reptiles. No es de extrañar, por tanto, que también se recomiende como remedio para las mordeduras.

RAÍCES BÍBLICAS

Hay muchos nombres para esta planta. En sánscrito se llama *arka*; en urdu, *aak* y, en hindi, *madar*. Otro nombre común de esta especie es manzana de Sodoma, cuyo origen se remonta a la supuesta relación de la planta con el Antiguo Testamento. Hay quien cree que era la especie mencionada por el historiador judeo-rromano Josefo como la planta que

crecía en las ruinas de las ciudades de Sodoma y Gomorra, que, según el capítulo del Génesis, Dios destruyó por su maldad. Sin embargo, es difícil precisar con exactitud esta antigua referencia al algodón de seda, y existe otra planta venenosa de la familia de las solanáceas, la *Solanum incanum*, que también se llama manzana de Sodoma por la misma razón.

CICUTA MAYOR

Nombre en latín	Familia	Nativa de
Conium maculatum	*Apiáceas*	*Europa, norte de África, Asia occidental y Oriente Medio*

Hay distintas especies que reciben el nombre común de cicuta, pero esta es la más conocida, principalmente porque fue la que mató a Sócrates. ¿O no fue así?

El filósofo de la antigua Grecia murió en el año 399 a. e. c., sentenciado a muerte por el Senado de Atenas por los delitos de corrupción de la juventud de la ciudad y falta de respeto por los dioses. Los académicos escrutan desde hace años una crónica de la muerte de Sócrates que redactó su estudiante Platón para confirmar o desmentir que la sustancia que tomó era en realidad cicuta. ¿Podría tratarse de alguna otra umbelífera letal, como la cicuta acuática (*Cicuta virosa*) o el nabo del diablo (*Oeanthe crocata*, véase p. 146), o era una planta completamente diferente?

Platón no estuvo presente en el lecho de muerte de Sócrates, sino que confió en el relato de primera mano del filósofo Fedón de Elis, que describe su defunción como tranquila. Sócrates se desvaneció apaciblemente a medida que la parálisis se apoderó poco a poco de su cuerpo. Teniendo esto en cuenta, la composición de las distintas especies sugiere que existen pruebas convincentes de que la cicuta fue su ejecutora. Las toxinas de esta planta son alcaloides, y con una composición química bastante distinta de la que se encuentra en la mayoría de las otras umbelíferas venenosas. Por el contrario, las toxinas principales del nabo del diablo y la *Cicuta maculata* son alcoholes grasos de cadena larga. Ambos tipos de toxinas actúan en el sistema nervioso, pero de maneras distintas. Los alcaloides de la cicuta mayor tienden a causar una parálisis más gradual, mientras que los alcoholes grasos de

cadena larga de las otras dos especies provocan convulsiones violentas. Sea cual sea la ruta del envenenamiento, la causa de la muerte es la misma: insuficiencia respiratoria. En el caso de Sócrates, la cicuta era un método conocido de ejecución y suicidio en la antigüedad, a menudo combinada con vino y opio. Es probable que esta mezcla ocasionara la muerte apacible y relativamente rápida que describió Platón (aunque aún no hay consenso entre los académicos sobre este punto).

Hoy día, las víctimas de la cicuta suelen confundir la planta con otra de sus parientes umbelíferas. Las hojas se parecen a las del perejil (*Petroselinum crispum*) y también se han confundido con las del hinojo (*Foeniculum vulgare*); las semillas se confunden con las del anís

(*Pimpinella anisum*), y la raíz con la de la chirivía (*Pastinaca sativa*). Todas las partes de la planta son tóxicas, pero, al parecer, las semillas poseen más concentración de veneno. Las hojas de la cicuta huelen a moho cuando se magullan, lo cual es una pista para distinguirla de sus parientes comestibles, y la planta también es conocida por las manchas y vetas moradas de los tallos, como indica su nombre científico, *maculatum*, que significa «moteada» en latín.

En un caso documentado en 2013 en Turquía, una niña de seis años ingirió una planta de su jardín pensando que era perejil. Sufrió ataxia (pérdida de control de los movimientos corporales y el habla), exceso de salivación y aumento de la frecuencia cardiaca. Se recuperó en el hospital, pero no todas las víctimas tienen tanta suerte. En 1845, el sastre escocés Duncan Gow se comió un sándwich de «perejil» que le prepararon sus hijos, aunque, en realidad, las hojas profundamente dentadas eran de cicuta. Murió solo tres horas después, y experimentó síntomas muy parecidos a los de Sócrates: una parálisis gradual que empezó en los pies y la muerte por asfixia debido a la parálisis de los músculos que facilitan la respiración.

Filósofos de la antigüedad aparte, la cicuta también es la umbelífera tóxica más invasora. Es una bienal efímera de hasta 2 metros de alto a la que, si fuera una planta de jardín, llamaríamos tolerante o resistente, puesto que tiene la capacidad de prosperar en lugares húmedos o secos, desde terrenos baldíos y bordes de caminos hasta bosques y prados. También puede conquistar nuevos territorios rápidamente mediante la propagación por semillas, que produce en cantidades ingentes (unas 35 000 por planta) el segundo año, antes de que la planta muera. Estas cualidades han convertido la cicuta en una colonizadora voraz de regiones en las que no se originó, como Norteamérica en los últimos doscientos años, ayudada por el hecho de que tiene pocos insectos enemigos allí. Su riesgo tanto para el ganado como para los humanos la convierten en una intrusa peligrosa.

El alcaloide tóxico más conocido de la cicuta es la coniína, que tiene el honor de ser el primer alcaloide cuya estructura química se descifró en 1881, y el primero que se sintetizó en un laboratorio solo cinco años después. Además de ser tóxica para los humanos y otros mamíferos, la coniína es teratogénica, lo que significa que puede causar defectos de nacimiento, concretamente extremidades torcidas (para conocer otro ejemplo de una planta teratogénica, véase p. 82). La coniína también está presente en otras plantas que no están estrechamente relacionadas con la cicuta, como las del género *Sarracenia*, las plantas jarra carnívoras de Norteamérica. Los científicos aún analizan la función de la coniína de estas especies, pero las teorías apuntan a que ayuda a atraer o paralizar a las presas de las plantas.

Pese a su toxicidad, la cicuta tiene una lista sorprendentemente larga de aplicaciones en la medicina tradicional del siglo pasado. Se recomendaba para la rabia, el tétanos, el asma, la epilepsia, la tosferina y el dolor articular, entre otras afecciones. Una cura medieval para «aplacar la lascivia y el flujo de semen» consistía en aplicar un emplasto de cicuta en la zona púbica.

La planta también se asocia desde hace mucho tiempo con la brujería y la magia. Era uno de los ingredientes de los «ungüentos voladores» de las brujas de la literatura medieval (véase p. 109), y aún aparece en la literatura mágica como una herramienta para hacer viajes astrales y purificar instrumentos mágicos

LIRIO DE FUEGO

Nombre en latín	Familia	Nativa de
Gloriosa superba	*Colquicáceas*	*África tropical y meridional, el subcontinente indio y el sudeste asiático*

El *New York Times* calificó la flor del lirio de fuego de «regia y sobrenatural», algo que no puede decirse del tallo subterráneo modificado del que brota esta trepadora tropical. Tiene la anchura aproximada de un pulgar humano y una curiosa forma de bumerán que permite a la planta almacenar agua y nutrientes en épocas de abundancia anteriores a la estación seca. Este tubérculo va muy buscado por sus múltiples usos como remedio natural, veneno, antiparasitario y como una forma de propagar una planta que embellece los jardines e invernaderos de todo el mundo.

Al igual que el cólquico, otro miembro de la misma familia, el lirio de fuego es rico en el alcaloide colchicina, principalmente los tubérculos y las semillas (véase p. 122 para más información sobre la historia de este alcaloide). Por ello, la planta ha tenido muchas aplicaciones en las medicinas tradicional africana y ayurvédica del subcontinente indio. También como el cólquico, se ha empleado como remedio para la gota, pero se han documentado muchos otros usos: una pasta hecha de las hojas se aplicaba en el pecho para tratar el asma; las hojas y los tubérculos se utilizaban para las mordeduras de serpiente y escorpión, y la ceniza de la quema del follaje se aplicaba en las heridas. Hay constancia de que de la planta se obtenía veneno de flecha en Senegal y Nigeria, y esta especie también es antihelmíntica, lo que significa que se utiliza contra los parásitos como piojos, lombrices de Guinea y dermatofitos.

La ciencia moderna investiga algunas de estas aplicaciones y ha descubierto que son muy efectivas, principalmente para combatir parásitos, para la gota y como antídoto de las mordeduras de serpiente. La mayoría son tópicas (se aplican en la piel) o utilizan una pequeña cantidad de la planta, porque con un exceso de colchicina sería peor el remedio que la enfermedad.

METHONICA (GLORIOSA) SUPERBA

Esta planta va muy buscada, y las poblaciones en estado silvestre están amenazadas por la sobreexplotación, aunque recolectar la planta de esta forma plantea algunos inconvenientes. El lirio de fuego tolera los suelos pobres, pero tiende a morir en la estación seca, y conserva su energía para rebrotar y florecer cuando mejoran las condiciones. En consecuencia, a veces el tubérculo se entierra profundamente, y la planta tiende a trepar por arbustos y árboles de las lindes de bosques y la sabana con sus zarcillos, que se aferran a las ramas. El lirio de fuego se cultiva comercialmente en India y África para abastecer el suministro, y la colchicina suele extraerse de las semillas, donde se concentra más. Es una intrusa invasora en Australia, principalmente en Nueva Gales del Sur y Queensland, donde puede formar un denso matorral que bloquea las especies nativas. También hay casos de personas que se han envenenado accidentalmente al confundir el tubérculo del lirio de fuego con un ñame u otro tubérculo similar, así como casos en los que se ha utilizado para suicidarse.

184

Los síntomas de envenenamiento por lirio de fuego son desagradables y, en ocasiones, letales. Al cabo de unas horas, las víctimas notan una serie de síntomas de alarma como ardor en la boca, diarrea y vómitos que evolucionan en pérdida de cabello, convulsiones, dificultad para respirar, pérdida de conciencia y daño en los riñones.

Al parecer, las flores tienen pocas aplicaciones medicinales o tóxicas, aunque son apreciadas como flores de jardín y suelen utilizarse en arreglos florales o ramilletes. También son la flor nacional de Zimbabue y el Estado indio de Tamil Nadu. Según un mito indio, si se lanzan lirios de fuego al tejado de la casa de un vecino, a los tres días habrá pelea. La flor tiene un profundo simbolismo para el grupo étnico de los tamiles de Sri Lanka: se conoce como *karthigaipoo* en tamil, y se venera porque sus flores tienen los colores de la bandera del Estado independiente de Eelam Tamil que no está reconocido internacionalmente y florecen durante el festival anual Karthigai Deepam. El lirio de fuego también se asocia con la difunta Isabel II, que solía llevar un broche de platino y diamantes que representaba esta flor. Lo prendió en su vestido de luto cuando regresó a Gran Bretaña el 7 de febrero de 1952 al morir su padre, en su primera aparición como monarca. En 1947, el Estado de Rodesia (actualmente Zimbabue) obsequió a la entonces princesa Isabel con el emblemático broche en su 21 cumpleaños y, desde entonces, lo lució en muchas ocasiones.

La flor tiene una forma tan curiosa que resulta una joya inconfundible, pero su verdadera finalidad es atraer mariposas. Normalmente, la flor se inclina, pero los pétalos y los sépalos quedan hacia arriba y apartados de los órganos sexuales de la planta, como si la flor estuviera expuesta a un túnel de viento. Los botánicos que estudiaron el lirio de fuego descubrieron que su polinizador principal era la gran mariposa blanca y negra, que recoge el polen con las antenas del dorso de las alas mientras liba el néctar de la base de cada pétalo o tépalo.

MELERO

Nombre en latín	Familia	Nativa de
Melianthus major	*Francoáceas*	*Sudáfrica*

El melero tiene algo en común con los sapos, las tintas antiguas para escribir y la crema de cacahuete. Puede parecer extraño y ridículo, pero esta planta es algo muy serio. Es la especie de *Melianthus* más grande de las seis que se encuentran en África. Es una planta perenne que crece en las provincias del Cabo de Sudáfrica, junto a arroyos y en otros lugares húmedos, y florece en invierno, entre mayo y julio. Alcanza los 2,5 metros de alto, pero tiende a crecer más a lo ancho que a lo alto.

El nombre común en afrikáans del melero es *kruidjie-roer-my-nie*, que significa «hierba no me toques». ¿Será por su toxicidad o su olor? Tal vez ambas cosas, pero el aroma del melero divide a quienes perciben su olorcillo. Las flores tienen un olor dulce, pero el follaje se describe como «repugnante», «fuerte olor fétido» o «marcadamente almizclado». Los amantes de esta especie aseguran que huele a crema de cacahuete, una apreciación que puede ser positiva o negativa según los gustos de cada cual.

Las toxinas principales del melero, que se concentran principalmente en las raíces, son los bufadienólidos. Se trata de glucósidos cardiacos, el mismo tipo de compuestos que se encuentran en la dedalera (véase p. 131). Este nombre tan peculiar se refiere a su relación con los sapos. *Bufo* es el nombre en latín de un grupo de sapos del que forman parte el sapo común europeo y el sapo asiático, y, como el melero, también tienen fama de tóxicos. Las glándulas de la piel de estos animales secreta veneno para no convertirse en un delicioso bocado (cualquiera que haya visto un perro retrocediendo aterrorizado después de intentar comerse un sapo sabrá que funciona). La medicina tradicional china hace cientos de años que utiliza el veneno del sapo asiático, conocido como *chan su*, como tratamiento del cáncer y otras enfermedades, aunque su eficacia aún no está probada por la medicina occidental. Mientras tanto, en Estados Unidos, el veneno del sapo del río Colorado

está cada vez más solicitado como alucinógeno, hasta el punto de que la población está amenazada.

Los bufadienólidos también se encuentran en otras plantas de la misma región, incluidas especies de plantas domésticas muy conocidas como *Kalanchoe* y *Cotyledon*. Hay tantos envenenamientos de ganado a causa del melero y otras plantas ricas en bufadienólidos que los granjeros de Sudáfrica han acuñado dos términos para esta enfermedad: *krimpsiekte* y *nenta*. Animales como las cabras, las ovejas y los caballos evitan el melero cuando abundan otras plantas, pero recurren a él cuando corren peligro de inanición durante las sequías. Si los animales consumen la planta en grandes cantidades, morirán al cabo de tres días, mientras que si comen pequeñas dosis a lo largo de varios días experimentarán síntomas como parálisis, convulsiones, problemas respiratorios, babeo y daño en los órganos.

Hay un grupo de animales que puede alimentarse de melero sin estas consecuencias tan nefastas. Una de las características más fascinantes de esta planta es su néctar negro,

que sus racimos de flores rojas producen tan profusamente que gotean sobre el follaje y pueden manchar la ropa si no se guardan las distancias. Este néctar abundante es un imán para los pájaros, sobre todo los coloridos suimangas de Sudáfrica, sus principales polinizadores. Pero ¿por qué es negro, cuando el néctar suele ser rojo o amarillo? Los científicos aún no lo saben a ciencia cierta, pero la investigación del *Melianthus minor*, especie hermana del melero, ha descubierto que su néctar atrae a las aves de una manera especial. Cuando el néctar oscuro se contraponía a los pétalos rojo oscuro de las flores, a ojos de los pájaros contrastaba de una manera que los humanos, o, de hecho, otros polinizadores como las abejas, no pueden ver.

188

También se ha llevado a cabo una interesante investigación para averiguar por qué el néctar de melero mancha tanto. Los estudios de su composición química descubrieron que es muy parecido a la tinta ferrogálica. Los humanos elaboran esta tinta para escribir desde la época romana, y se obtiene a partir de la combinación de agallas (unas excrecencias anormales causadas por unas avispas diminutas que ponen sus huevos en los árboles) de roble y sulfato de hierro. Sorprendentemente, la naturaleza parece haber desarrollado su propia sustancia parecida, aunque por razones muy distintas. Existen informes contradictorios sobre si este néctar puede ingerirse, puesto que mientras algunos garantizan que no solo es comestible sino también delicioso, otros aseguran que es tóxico.

Pese al daño que puede causar, históricamente la medicina tradicional sudafricana también ha utilizado el melero, aunque principalmente en la piel y no internamente, como cataplasma o infusión de las hojas para tratar heridas, llagas, tiña, reumatismo y cáncer. La raíz se preparaba como remedio para la mordedura de serpiente.

Como varias plantas venenosas de este libro, el arquitectónico follaje azul acero del melero lo convierte en una especie de jardín muy apreciada en todo el mundo. De hecho, el jardinero inglés Christopher Lloyd, del conocido jardín Great Dixter de Sussex, lo calificó como «la planta de follaje que tengo más consentida». El cultivar «Antonov's Blue» destaca por sus hojas más azules y llamativas, aunque hay que evitarlo si los animales de compañía o los niños frecuentan su jardín. Cabe destacar que, en climas templados, como en el Reino Unido, el melero florece con menos facilidad y produce menos néctar que sus homólogos sudafricanos.

HABA DE CALABAR

Nombre en latín	Familia	Nativa de
Physostigma venenosum	*Fabáceas*	*África occidental*

Mucho antes del sistema judicial moderno del juicio por jurado, las personas acusadas de delitos graves solían enfrentarse al trauma del juicio de ordalía. Cada continente tiene sus propios métodos para averiguar la culpabilidad o la inocencia de las personas acusadas de brujería, asesinato y delitos similares, con espectáculos como sostener un hierro al rojo vivo o jugarse la vida con una cobra mortífera. Actualmente, puede parecer un sistema escabroso, pero antiguamente estas pruebas se consideraban la manera en la que Dios (o los dioses, en plural) distinguía a los presuntos culpables de los inocentes.

El haba de Calabar era el mecanismo vegetal de esta forma de justicia en África occidental, especialmente en la región conocida antiguamente como Calabar, actualmente en el Estado de Cross River, Nigeria, donde crece en estado silvestre, de ahí su nombre. Se trata de una trepadora sarmentosa que corretea por la vegetación y los árboles, alcanza los 15 metros de largo y da flores rojas o moradas curiosamente rizadas seguidas de grandes vainas marrones. Cada vaina de esta leguminosa da dos o tres semillas gruesas de color cacao. La planta suele crecer en las orillas de ríos boscosas, por lo que las semillas caen de la vaina, flotan llevadas por la corriente para colonizar nuevos territorios y, como son mortalmente venenosas, esto evita que sean consumidas por el camino.

Aparentemente, el haba de Calabar es parecida a otras legumbres y tiene su mismo sabor, pero está llena de toxinas, principalmente fisostigmina, también conocida como eserina. Este alcaloide estimula el sistema nervioso y provoca numerosos síntomas terribles que se asemejan a los originados por el gas nervioso, desde el exceso de

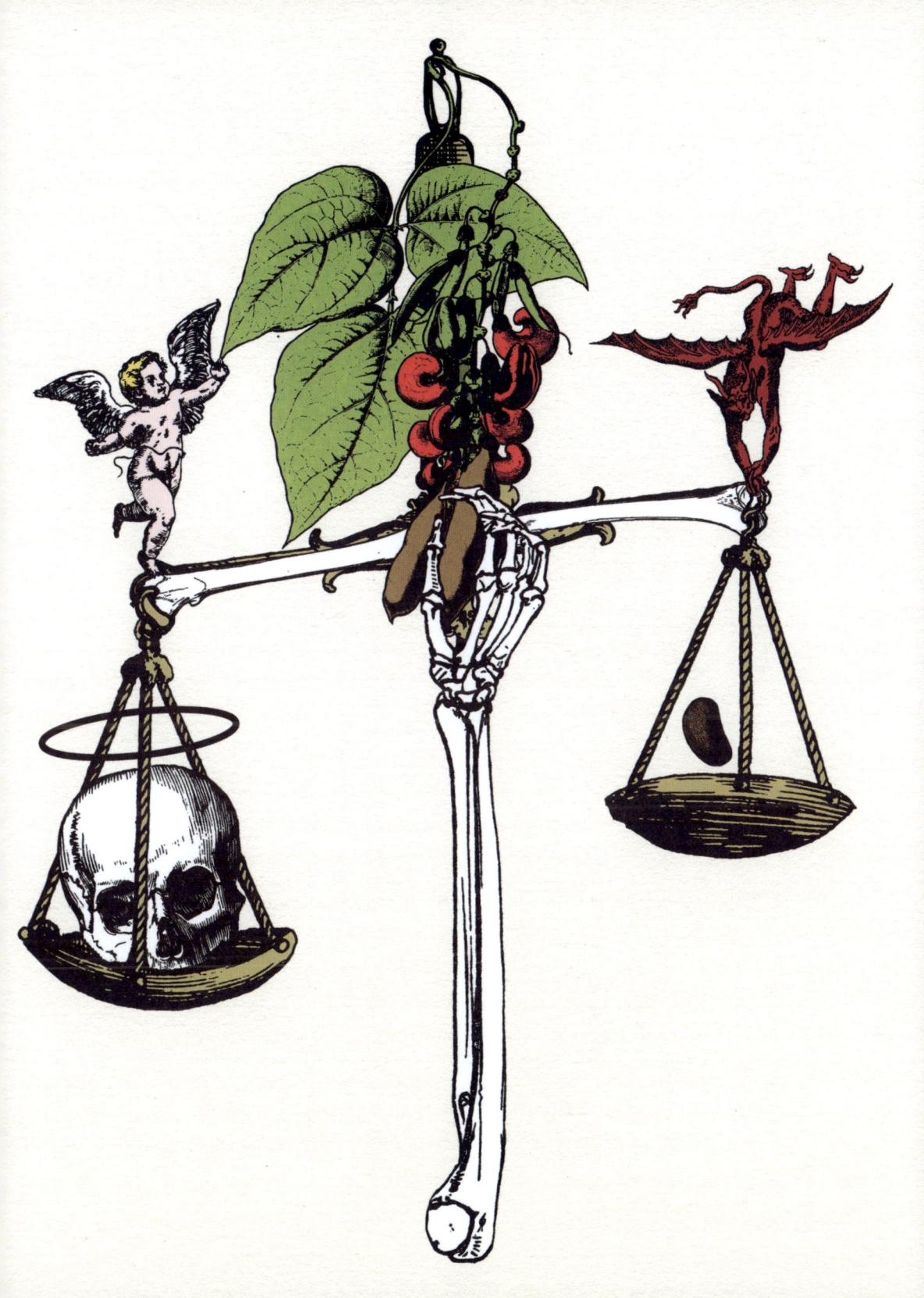

salivación y la contracción de las pupilas hasta convulsiones, dificultades respiratorias y muerte por asfixia.

En los juicios, a los acusados se les daba una infusión de habas machacadas. ¿Cómo sobrevivían para declararse inocentes después de consumir una legumbre tan venenosa? La verdadera respuesta puede que se haya perdido en anales de la historia. Según una teoría, quienes se consideraban inocentes se tomaban el veneno de un trago, convencidos de que su honestidad les salvaría la vida. Esto impedía que las toxinas se

absorbieran en la boca, por lo que pasaban rápidamente al estómago. Irritado por la entrada repentina de un material desagradable, la respuesta del intestino era vomitar su contenido y, por tanto, evitar que el veneno hiciera efecto. Por el contrario, los culpables lo sorbían lentamente por temor al destino que les esperaba, con lo que la boca absorbía las toxinas sin provocar el vómito y los llevaba irremediablemente a la muerte. Otra teoría, aunque ambas podrían ser simultáneamente correctas, sugiere que las personas que estaban a cargo del juicio utilizaban los grandes conocimientos que tenían de los venenos de las plantas para inclinar la balanza a favor de quienes creían que eran inocentes, como darles habas frescas, con las que era más probable que vomitaran, o prepararlas con agua fría y no caliente. El haba de Calabar tenía aplicaciones menos siniestras en la medicina tradicional africana, y se utilizaba como remedio para las enfermedades de la piel, el dolor estomacal y la infestación de piojos. En el siglo XIX, los misioneros y botánicos europeos que visitaban el territorio del haba de Calabar en África occidental se interesaron por esta especie. Se llevaron ejemplares a los jardines botánicos de Edimburgo, donde la planta se cultivó y recibió el nombre científico *Physostigma venenosum* en 1861. Era una época en la que numerosos bioprospectores obtenían plantas africanas y las investigaban por sus posibles aplicaciones medicinales, y el haba de Calabar fue una de las más productivas, aunque dejó víctimas por el camino. En 1864, hasta 50 niños de Liverpool, algunos de solo dos años, se envenenaron al comer habas de Calabar que encontraron en el suelo en un terreno baldío cerca del muelle, donde se descargaron de un barco procedente de África. Un niño de seis años murió y los demás se recuperaron tras recibir tratamiento de urgencia en el hospital.

La primera investigación científica occidental sobre el haba de Calabar la llevó a cabo el toxicólogo escocés *sir* Robert Christison. Su planteamiento era bastante contundente, y consistía en consumir un trozo de haba y ver lo que sucedía a continuación. Lo que pasó fue que se sintió muy mal, hasta el punto de que tuvo que tragarse el agua de afeitar para vomitar el veneno antes de que lo matara. Vivió para contarlo, publicó su experiencia en un artículo en 1855 y, a los 78 años, comprobó los efectos de la cocaína (véase p. 60).

Estudios posteriores identificaron la fisostigmina como el alcaloide principal del haba de Calabar y empezaron a definir sus aplicaciones. La primera fue en el campo de la oftalmología, incluida la aplicación en los ojos de los pacientes que padecían dilatación de las pupilas por envenenamiento y como tratamiento del glaucoma. También se dio a los pacientes que padecían tétanos, y se utilizó para tratar el debilitamiento muscular por miastenia grave, una enfermedad autoinmune.

La fisostigmina actúa en los nervios del cuerpo de manera opuesta a otras toxinas como la atropina (véase p. 111) y el curare (véase p. 40), por eso se utilizaba como antídoto del envenenamiento por estas sustancias. En las primeras décadas del siglo XX, la fisostigmina también abrió a los científicos una ventana imprescindible al funcionamiento del sistema nervioso central, y les ayudó a descubrir el modo en que el neurotransmisor acetilcolina pasa las señales de una neurona a otra. La enzima acetilcolinesterasa degrada este neurotransmisor para interrumpir la sobreestimulación de los nervios, pero la fisostigmina impide el funcionamiento de la acetilcolinesterasa. El científico Otto Loewi, de Alemania, y *sir* Henry Dale, de Inglaterra, ganaron el Premio Nobel en 1936 por este hallazgo.

Desde su descubrimiento, los derivados de fisostigmina han tenido varias aplicaciones, incluido el tratamiento del alzhéimer.

RICINO

Nombre en latín	Familia	Nativa de
Ricinus communis	*Euforbiáceas*	*Eritrea, Etiopía y Somalia*

En septiembre de 1978, el periodista Georgi Markov estaba esperando el autobús en el puente de Waterloo de Londres, Inglaterra, cuando notó un fuerte pinchazo en el muslo. Miró a su alrededor y vio una persona con un paraguas. Cuatro días después, murió. Lo que empezó con fiebre, diarrea y vómitos derivó rápidamente en fallo orgánico. Como era un disidente búlgaro y un crítico feroz del régimen comunista de su tierra natal desde su deserción en 1969, las autoridades sospecharon que había sido víctima de un acto delictivo. La autopsia reveló que tenía un perdigón de 1,7 milímetros de diámetro alojado en la pierna. No había ni rastro de lo que fuera que hubieran contenido los dos agujeros perforados en el perdigón.

Tras estudiar el caso durante semanas, los científicos del centro de investigación de armas químicas y biológicas del Gobierno británico de Porton Down llegaron a la conclusión de que Markov había sido víctima de asesinato político con un potente veneno que probablemente le habían inyectado en la pierna con un paraguas manipulado. No fue el primero. Tres semanas antes, Vladimir Kostov, otro disidente búlgaro que vivía en París, Francia, había sido víctima de la misma treta, solo que él sobrevivió. En ambos casos, el veneno utilizado había sido la ricina, que se considera un arma biológica y se enumera en la Lista 1 de la Convención sobre Armas Químicas de las Naciones Unidas. La ricina es un subproducto del procesamiento de las semillas de ricino para obtener aceite de ricino, que no es tóxico. La ricina puede pulverizarse, dispersarse como un aerosol o disolverse en agua, y no tiene ningún antídoto.

Desde la muerte de Markov, la ricina ha copado muchos titulares como arma homicida de complots terroristas, asesinatos y homicidios, pero tal vez los ataques más conocidos fueron los que se diseminaron

a través del Servicio Postal de Estados Unidos. En 2014, James Everett Dutschke, de Misisipi, fue condenado a 25 años de cárcel por enviar cartas cargadas de ricina a miembros del Gobierno, incluido el presidente Barack Obama. Posteriormente, en 2023, Pascale Ferrier, con doble nacionalidad francesa y canadiense, fue condenada a 262 meses (casi 22 años) de cárcel por enviar cartas envenenadas con ricina al presidente Donald Trump y a ocho agentes de las fuerzas del orden de Texas en 2020.

Sin embargo, es probable que no deba ir muy lejos para ver la planta que contiene este veneno letal, puesto que crece libremente en parques y jardines y puede comprarse en centros de jardinería o tiendas de semillas. Esta es una de las razones principales por las que la ricina es un veneno tan temido: los medios para obtenerla están al alcance de la mano.

Aunque el ricino es originario de solo tres países africanos (Eritrea, Etiopía y Somalia), se cultiva en todo el mundo desde hace siglos.

Pl. 241. Ricin. Ricinus communis L.
Famille des Euphorbiacées.

En algunas pirámides de Egipto se encontraron semillas de esta planta, que también se nombran en muchos de los textos antiguos de medicina más conocidos, incluido el papiro Ebers, del año 1550 a. e. c., aproximadamente, y las obras del médico griego Pedanio Dioscórides y su homólogo romano Plinio el Viejo del siglo I e. c. Además, han aparecido nuevas evidencias que atestiguan el uso del ricino en la prehistoria: unos arqueólogos que exploraban una cueva de KwaZulu-Natal, en Sudáfrica, descubrieron un palo con restos de cera impregnada en ácidos ricinoleico y ricinelaídico, dos compuestos de las semillas de ricino. Concluyeron que esta herramienta se había utilizado para aplicar veneno en la punta de las flechas hace 24 000 años.

Pero la planta del ricino es mucho más que una mera fuente de veneno. Es un comodín botánico que proporciona alimento para ganado, medicamentos, combustible y mucho más. No es de extrañar que también se conozca como el árbol de las maravillas africano.

El aceite de ricino se ha utilizado como medicamento, lubricante, combustible para lámparas de aceite, fuente de biodiésel y aditivo de muchos cosméticos y detergentes. La pasta prensada de las semillas que se obtiene como subproducto en la producción de aceite de ricino no se desperdicia, sino que se purifica y se añade a pienso para ganado, fertilizantes y acondicionadores de suelos. En África occidental, las semillas de ricino sometidas a fermentación alcalina se convierten en un sabroso condimento llamado *ogiri*, mientras que, en el norte de la India, la planta se cultiva como

La planta del ricino en la prensa de aceite en una imagen de Liebig.

fuente de alimento para el gusano de seda *eri*, que se cría para obtener la seda homónima. El aceite de ricino también es muy conocido como laxante. En pequeñas cantidades, se utilizaba como una panacea para el estreñimiento, pero, históricamente, las purgas con aceite de ricino han sido una forma de tortura y castigo en numerosos países, como la Italia fascista de la Segunda Guerra Mundial y la España de la Guerra Civil.

Botánicamente, aunque lo parezcan, en realidad las semillas de ricino no son habas, puesto que la planta no pertenece a la familia de las leguminosas sino a la de las euforbiáceas, y es la única especie del género *Ricinus*. El nombre científico *Ricinus*, que significa «garrapata» en latín, se refiere a las semillas moteadas marrones y rojas con una protuberancia más clara en un extremo que se parecen al cuerpo hinchado de un parásito que se alimenta de sangre. La excrecencia se

197

Ilustración botánica victoriana de 1872 en la que aparecen especies como la palma de betel, el árbol del pan y el ricino (a la derecha de la imagen).

denomina carúncula y ayuda a la planta a propagarse. Las hormigas se sienten atraídas por las grasas y otros nutrientes que contiene, por lo que recolectan las semillas del suelo y las transportan a sus nidos para alimentar a las larvas. Después, las dejan fuera del nido o bajo tierra. Este mutualismo entre las hormigas y el ricino se conoce como mirmecocoria y no es la única del reino vegetal, sino que es propia de más de 70 familias de plantas, desde el narciso hasta el ciclamen, así como otra planta de este libro, la celidonia mayor (véase p. 216). La carúncula de las semillas de ricino es un tipo especial de eleosoma, un término que deriva del griego antiguo para designar el aceite (*elaion*) y el cuerpo (*soma*). Los eleosomas son ricos en grasas y proteínas, y suelen tener un olor peculiar que atrae a las hormigas. La ventaja para las hormigas está clara, pero los botánicos aún debaten por qué las plantas han evolucionado para confiar la propagación de sus semillas a estos insectos. Según algunas teorías, es una estrategia para que no se las coman los herbívoros y puedan colonizar nuevos territorios.

El ricino es curioso, con sus grandes hojas palmeadas y los ramilletes de flores delicadas seguidas de frutos en forma de cápsula con púas. En climas más cálidos, crece como una planta perenne

198

vigorosa y puede convertirse rápidamente en un arbusto o un árbol, pero en climas templados suele crecer como anual o planta de parterre, y a menudo forma parte de jardines exóticos y proyectos municipales de jardinería.

La ingestión de semillas de ricino tiene menos probabilidades de ser letal que padecer el destino de Markov al ser inyectado con la toxina ricina, mucho más concentrada, o inhalar sus partículas suspendidas en el aire. Las toxinas de las semillas solo se liberan cuando el recubrimiento duro de la semilla se rompe, por lo que si no se mastican es más probable que pasen por el cuerpo sin causar ningún daño. El ricino entra en las células del cuerpo humano e inactiva los ribosomas, estructuras que producen proteínas fundamentales. Sin ellos, las células empiezan a morir. Pero el envenenamiento por ricino actúa a fuego lento. Los síntomas pueden tardar varias horas en manifestarse y, al principio, suelen confundirse con una gripe o una intoxicación alimentaria, con fiebre, apatía, vómitos y diarrea. Al cabo de uno a cinco días puede producirse un fallo orgánico, seguido de la muerte en los casos más graves, sobre todo si los pacientes no reciben tratamiento inmediato en el hospital.

Asesinatos de altos vuelos aparte, el envenenamiento por ricino suele producirse cuando las semillas se confunden con algo comestible, o cuando los niños que viven en un lugar donde abundan creen que son una golosina.

También cabe destacar que, aunque no se ingieran las semillas, la planta del ricino puede ser problemática para la salud humana. El polen es lo bastante liviano para transportarse por el aire y causar casos graves de asma y alergia. Además, como otras euforbiáceas, su savia provoca erupciones cutáneas, por lo que hay que manipularla con guantes.

La constante amenaza de ataques terroristas relacionados con la ricina ha llevado a inventar dos vacunas en Estados Unidos. Un equipo de la Universidad de Texas Southwestern ha creado RiVax, mientras que RVEc es obra del instituto de investigación médica de enfermedades infecciosas del ejército de Estados Unidos. Ambas estimulan el organismo para que produzca anticuerpos que se unen a las toxinas del ricino e impiden que dañen el cuerpo. Los científicos esperan que estas vacunas puedan inocularse a los militares y el personal de primeros auxilios para protegerlos si se exponen a la contaminación de ricina.

ESTROFANTO

Nombre en latín	Familia	Nativa de
Strophanthus gratus	*Apocináceas*	*África Occidental*

L as semillas de esta trepadora están hechas para flotar y formuladas para matar. En forma de grano de arroz y entre 2 y 4 centímetros de largo, parecen mucho más grandes debido a la parafernalia en forma de paracaídas de un extremo, que consiste en un filamento glabro de 6 centímetros de largo coronado por un extravagante penacho denominado coma. Las semillas se encuentran dentro de unas grandes vainas de 30 a 40 centímetros de largo, emparejadas de extremo a extremo en una curiosa forma de astas de toro que suele ser propia de las plantas de la familia de las apocináceas. Cuando las vainas maduran y se abren, las semillas echan a volar a la más mínima brisa, que las lleva a nuevos lugares donde puedan brotar.

En los países del oeste de África donde el estrofanto crece en estado silvestre, las semillas han sido muy apreciadas como una poderosa ayuda para cazar, pero es fundamental elegir bien el momento de cosechar las vainas. Si es demasiado pronto, el veneno no estará tan concentrado, mientras que si es demasiado tarde, las vainas se abrirán y la brisa se las llevará. Las semillas son tan tóxicas que pueden derribar grandes presas como búfalos, pero el resto de la planta también es venenoso. Otras partes, en especial la corteza, también se han utilizado en recetas de veneno de flecha.

Las semillas contienen abundantes glucósidos cardiacos denominados estrofantinas, cuyo comportamiento es similar al de las toxinas de la dedalera (véase p. 131). Actúan rápidamente al entrar en el torrente sanguíneo, y detienen el corazón de un animal herido lo bastante deprisa como para que el cazador no tenga que perseguirlo mucho trecho. Los métodos que rodean la preparación de veneno de flecha para cazar dependen de la región, pero hay muchos rituales y recetas documentados que demuestran la importancia de la caza con flechas a lo largo de la historia. Estas prácticas aún se llevan a cabo actualmente, aunque en zonas geográficas mucho más limitadas. A

menudo las semillas de estrofanto se tuestan para preservar las toxinas, se machacan y se mezclan con la savia viscosa de la planta, o con otras sustancias vegetales venenosas o viscosas para que el veneno quede concentrado y se adhiera bien.

Para lanzar las flechas se utilizan cerbatanas, ballestas y arcos. El veneno suele ponerse justo detrás de la punta, de manera que quede intacto cuando la flecha entra en el animal. Cuando la presa muere, la carne que rodea la herida se elimina. La ouabaína, la estrofantina principal de la planta, es una gran molécula que no es fácil ni rápida de absorber por el intestino. Esto reduce el riesgo de envenenamiento secundario cuando se ingiere la carne de la presa, lo que también quiere decir que es raro que se produzca un envenenamiento por ingestión de la planta o sus semillas. La ouabaína da nombre a la planta en algunas zonas, como Estados Unidos, pero también a otras especies ricas en este glucósido de la familia de las apocináceas, incluida la acocantera, que se utilizaba para envenenar flechas en África oriental (véase p. 169).

El estrofanto crece como una liana que trepa por las copas de los árboles y alcanza nada menos que 25 metros de alto con un tallo leñoso de hasta 10 centímetros de ancho. La planta se utiliza en medicina tradicional y para cazar. Las hojas son un remedio para mordeduras de serpiente, heridas y gonorrea. Las flores rosadas tienen un delicado aroma a rosa, pero su estructura es más bien básica en comparación con muchas otras trepadoras del género *Strophanthus*, que tienen flores extravagantes con pétalos como serpentinas que alcanzan los 30 cm de largo en algunas especies. Este es el origen del nombre *Strophanthus*, del griego *strophos*, que significa «cuerda torcida», y *anthos*, «flor».

En el siglo XIX, la medicina occidental empezó a buscar alternativas a los medicamentos para el corazón que se obtenían de la dedalera, y los recolectores de plantas se centraron en esta y otras especies de *Strophanthus*. Se descubrió que podía administrarse una dosis baja de ouabaína y otras estrofantinas a los pacientes que padecían hipotensión y otras afecciones cardiacas. Históricamente, la ouabaína se ha utilizado con este fin, pero actualmente ya no se emplea en cardiología, en parte debido a su reducido rango terapéutico o, dicho de otro modo, la pequeña diferencia entre una dosis peligrosa y una dosis beneficiosa.

Aun así, todo indica que la ouabaína podría tener una segunda vida en un campo completamente distinto de la medicina como es el eterno problema de encontrar un anticonceptivo oral masculino que sea seguro y reversible. Los científicos que buscan una píldora anticonceptiva no hormonal han realizado pruebas con moléculas de ouabaína para ver si pueden modificarse para erradicar sus efectos potencialmente perjudiciales para el corazón y, a la vez, aprovechar su capacidad para reducir la capacidad de nadar de los espermatozoides.

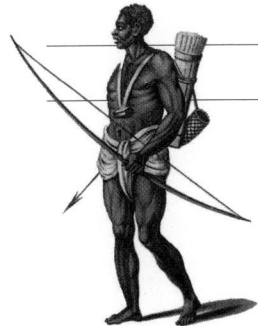

UN GÉNERO MORTAL

Un rasgo común de las plantas del género *Strophanthus* es su utilización para envenenar flechas. Hay otras especies ricas en estrofantinas que también han servido para ello, como la *S. kombe* del sudeste de África y la *S. hispidus* de África occidental.

ASIA Y AUSTRALASIA

Algunas de las especies de plantas más fascinantes del mundo viven en los continentes de Asia y Australasia, desde un árbol gigantesco que provoca picaduras muy dolorosas hasta una palmera que da cosechas multimillonarias de una de las sustancias psicoactivas más populares del mundo (véase p. 206). Tanto en Australia como en Nueva Zelanda prosperan especies singulares a resultas de su aislamiento geográfico, mientras que Asia comprende todo el espectro de hábitats, desde la tundra polar del norte hasta las selvas tropicales del sur.

PALMA DE BETEL

Nombre en latín	Familia	Nativa de
Areca catechu	*Arecáceas*	*Filipinas*

La palma de betel es la cuarta sustancia psicoactiva más popular del mundo después del tabaco (véase p. 72), el alcohol y la cafeína. No obstante, si vive en Occidente, puede que no haya oído hablar de ella, puesto que la mayoría de los 600 millones de consumidores o, para ser más precisos, mascadores de esta sustancia viven en Asia.

La nuez de betel recibe distintos nombres en los países donde se masca, como pan y *supari* en la India y Pakistán; *tråu* en Vietnam; *makan pinang* en Indonesia, y *bing lang* en China. Sin embargo, el nombre común de la planta puede inducir a error. La primera palabra, «palma», es correcta, puesto que esta especie pertenece a la familia de las arecáceas y, por tanto, es una palmera auténtica. En cambio, el término «betel» se refiere a la planta homónima (*Piper betle*), una trepadora con la que no guarda ninguna relación, crece en el mismo territorio y desempeña un papel clave en el consumo de nuez de betel. La parte de la planta que se masca tampoco es una nuez, sino la semilla del interior de la drupa, un tipo de fruto como la aceituna y el melocotón.

La nuez de betel suele venderse en una especie de envoltorio que contiene la semilla troceada e hidróxido de calcio envueltos en una hoja de betel o, en algunas culturas, también la flor. La receta exacta varía en función del país. Las nueces de betel se utilizan con distintos grados de maduración, ya sea crudas o fermentadas, asadas, hervidas o secadas, acompañadas de todo tipo de condimentos, como cardamomo, jengibre, clavo, semillas de anís, cilantro, ámbar gris, catecú —un astringente hecho del arbolito homónimo (*Acacia catechu*)— y tabaco. El envoltorio se masca unos minutos, en los que tiñe la boca y los dientes de rojo oscuro, y luego se escupe.

El mascado de nuez de betel es una antigua costumbre que está muy arraigada en la historia de muchas culturas del subcontinente indio y el sudeste asiático. Los arqueólogos han confirmado que los dientes de los restos humanos datados hacia el 3000 a. e. c. descubiertos en la cueva de Duyong, en las Filipinas, presentaban signos de haber mascado nuez de betel, y los historiadores sospechan que esta práctica es mucho anterior. Los componentes químicos principales de las nueces de betel son alcaloides, principalmente arecolina, y taninos. La arecolina estimula el sistema nervioso y crea una sensación de euforia, bienestar y estado de alerta, además de enrojecer el rostro. Sus efectos suelen compararse con los de la nicotina del tabaco (véase p. 77). Las nueces suelen mascarse después de las comidas para facilitar la digestión, limpiar los dientes y refrescar el aliento, pero también las consumen mucho las personas que trabajan largas horas para aumentar la resistencia, como los conductores y los obreros.

En las últimas décadas, la Organización Mundial de la Salud y otros organismos nacionales e internacionales se han propuesto reducir la costumbre de mascar nuez de betel, y con razón. La Agencia Internacional para la Investigación sobre el Cáncer califica la nuez de

Ilustración de palmas de betel a orillas del océano Pacífico o en la costa asiática, en William Woods Zoography *(1807), de William Daniell.*

209

betel como un carcinógeno para los humanos. El mascado habitual de este estimulante es adictivo y aumenta notablemente el riesgo de cáncer de boca y esófago, así como de fibrosis submucosa oral, una enfermedad que suele presentarse antes de que se desarrolle el cáncer y se caracteriza por la inflamación y las lesiones bucales, así como la rigidez y la limitación de movimientos de la mandíbula. El riesgo de cáncer es aún mayor en las personas que mezclan el tabaco con sus nueces de betel. El hidróxido de calcio se incluye en el envoltorio para potenciar la absorción de los estimulantes en el torrente sanguíneo, lo que aumenta aún más el componente carcinógeno de la nuez de betel (y el tabaco si se incluye). Los mascadores habituales de nuez de betel también son más propensos a padecer otros problemas de salud, como

210

diabetes de tipo 2, hepatopatía crónica y cáncer de hígado. El mascado genera abundante saliva roja, que normalmente se escupe, otra razón por la que esta costumbre se restringe cada vez más, sobre todo en zonas urbanas, para evitar las antiestéticas manchas en las aceras.

La palma de betel es bastante elegante, con su tallo único que alcanza entre 10 y 20 metros de alto y vive hasta cien años en climas tropicales húmedos. Se cree que era nativa de las Filipinas, pero miles de años de cultivo humano han llevado a su expansión por toda Asia. Las flores se producen en una inflorescencia que recuerda a un sinuoso coral submarino verde y se encuentran en el tronco, debajo del dosel de hojas. Los racimos de frutos que siguen tienen el tamaño de un huevo de gallina.

Además de ser la fuente de las nueces de betel para mascar, esta palmera tiene muchas otras aplicaciones: con las nueces se obtienen tintes para tejidos; las flores se utilizan como adornos en bodas y funerales; la yema terminal y los brotes tiernos se cuecen y se comen; las cáscaras fibrosas ricas en celulosa del fruto se utilizan como material aislante, y los árboles caídos y las frondas sirven de combustible. También se cultiva como árbol ornamental y se vende en todo el mundo como planta de interior. A medida que el mundo intenta abandonar su dependencia del plástico, una de las aplicaciones más útiles de la nuez de betel podría ser como fuente de material sostenible biodegradable. La base fibrosa de las hojas se utiliza cada vez más para hacer platos, vasos, recipientes de comida para llevar y otros envases.

UN SÍMBOLO CULTURAL

Dada su larga historia y su utilización por parte de muchos pueblos y culturas, no es de extrañar que haya muchas costumbres relacionadas con las nueces de betel. Uno de los ejemplos más curiosos es el de los chinos del sudeste que visitan a las llamadas «bellezas de la nuez de betel», unas jóvenes que suelen vestir lencería y preparan y venden envoltorios de betel en puestos y tiendas iluminados llamativamente. Por otro lado, en Vietnam, las hojas y las nueces son símbolos de amor y matrimonio, y el *chuyện trầu cau* (la historia del betel y la areca) es un cuento popular protagonizado por la nuez de betel. En la India, las hojas y las nueces enteras son elementos importantes de las ceremonias religiosas hinduistas, además de tener varias aplicaciones en la medicina ayurvédica.

211

ÁRBOL DE SUICIDIO

Nombre en latín	Familia	Nativa de
Cerbera odollam	*Apocináceas*	*India, partes de Asia y Australia*

La toxina principal de este árbol, la cerberina, se llama así por Cerbero, el monstruoso perro de tres cabezas de la mitología griega que custodiaba las puertas del infierno. Curiosamente, una vez secos, sus frutos poseen una identidad alternativa bastante más anodina. Llamados *mintolla*, se venden en todo el mundo como objetos de decoración, mantillo decorativo para macetas de interior, y adornos para viveros, terrarios y acuarios.

El árbol de suicidio es una de las seis especies del género *Cerbera*, clasificado por el botánico sueco Carlos Linneo en 1753 (una de las especies incluida originalmente en este género era la adelfa amarilla, véase p. 36). Suele confundirse con su especie hermana, la manga brava (*Cerbera manghas*), que también es venenosa, pero tiene un área de distribución nativa más amplia que abarca Tanzania y Madagascar. A menudo se habla de ambas especies indistintamente, aunque la principal diferencia visible es que las flores con dulce aroma a jazmín de la manga tienen la parte central rosa, mientras que las del árbol de suicidio es amarilla. Las toxinas del árbol de suicidio son glucósidos cardiacos. El principal, la cerberina, es similar a la digoxina de la dedalera (véase p. 131) en cuanto a composición química y efectos. La cerberina se concentra sobre todo en las semillas. Basta una sola para matar a alguien, y los síntomas de envenenamiento incluyen náuseas, vómitos y disminución de la frecuencia cardiaca. En los casos más graves, transcurridas de tres a seis horas puede producirse la muerte.

El árbol de suicidio crece principalmente en zonas costeras, lindes de manglares, orillas de ríos y selvas inundables, y alcanza unos 12 metros de alto. En algunas regiones también es un árbol urbano

popular por sus aromáticas flores blancas. Es fácil confundir su fruto, que empieza verde y enrojece al madurar, como un mango. Pero, por dentro, en lugar de la jugosa pulpa naranja del mango, tiene una fina capa de pulpa que se desprende y deja al descubierto una gruesa capa fibrosa que oculta una gran semilla en su interior. Estos frutos no están hechos para comerse, sino para flotar. Su ligera estructura fibrosa permite que se mantengan a flote y se alejen en busca de nuevos horizontes, a menudo arrastrados a las playas.

Esta especie recibe distintos nombres en los países donde habita, como *pong pong, odollam, bintaro* y *othalanga*. La denominación árbol de suicidio se debe a la cantidad de personas que comen sus frutos para

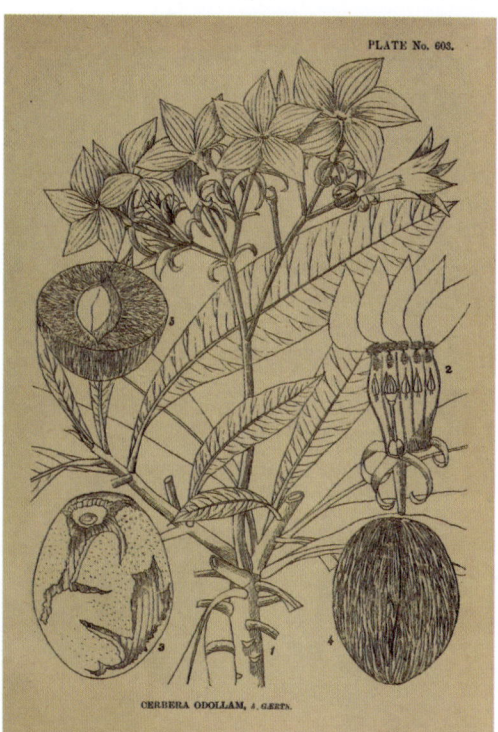

PLATE No. 603.

CERBERA ODOLLAM, J. GAETN.

terminar con sus vidas, sobre todo en el Estado de Kerala, en el sur de la India, donde crece en abundancia. Los estudios demuestran que es la causa del 10 % de los casos de envenenamiento en Kerala, y de la mitad de los envenenamientos por plantas. En la década de 1989 a 1999, en Kerala, 537 personas murieron envenenadas por árbol de suicidio, una cifra que coincidió con las víctimas de accidentes de tráfico. También se tiene constancia de envenenamientos fortuitos de niños que confunden el fruto con un mango, así como de asesinatos, aunque los toxicólogos forenses que estudian los envenenamientos sospechan que la cifra de víctimas de asesinato podría ser mucho mayor.

Tanto el árbol de suicidio como la manga brava tienen aplicaciones prácticas, y son una fuente de combustible, carbón vegetal y material para tallar. El aceite que se extrae de las semillas se utiliza para encender lámparas; como veneno de peces, ratas e insectos, y para hacer velas. Algunos remedios naturales tradicionales son la aplicación del aceite en la piel para tratar la sarna y la infestación de piojos, mientras que la corteza se utiliza

214

como tratamiento para la sarna. La cacatúa de las Tanimbar se alimenta de los frutos de la manga brava y del árbol de suicidio, puesto que parece inmune a su toxicidad, y aún se están realizando estudios para descubrir la adaptación evolutiva que le permite disfrutar de una semilla que puede acabar con la vida de un humano que multiplica varias veces su tamaño. Los científicos incluso han observado que estas aves utilizan herramientas para acceder a las semillas de manga brava en el interior de sus cáscaras fibrosas. Parten trozos de ramas de los árboles para manipular la semilla, e incluso eligen distintos tipos de madera (desde fina y afilada hasta resistente) para distintas tareas: las herramientas más contundentes para abrir la capa externa fibrosa y las puntas afiladas para retirar la piel externa apergaminada de la semilla.

La cacatúa de las Tanimbar se alimenta de los frutos del árbol de suicidio sin sufrir ningún daño.

Aunque la cacatúa de las Tanimbar se come los frutos del árbol de suicidio con impunidad, sería imprudente asumir que la misma impunidad se aplica a otros animales, incluidos los de compañía. En 2023, el servicio de información toxicológica veterinaria de Estados Unidos advirtió a los dueños de animales de compañía del riesgo de los frutos secos del árbol de suicidio que se venden como mantillo decorativo para plantas de interior.

VENENO DE ORDALÍA

La especie hermana del árbol de suicidio, la manga brava, también tiene mala reputación. Durante siglos, se utilizó como veneno de ordalía para averiguar la culpabilidad o la inocencia de los acusados de delitos graves en Madagascar (véase p. 190). La planta fue responsable de la muerte de miles de personas hasta que esta costumbre se abolió en la década de 1860.

215

CELIDONIA MAYOR

Nombre en latín	Familia	Nativa de
Chelidonium majus	*Papaveráceas*	*Europa y Eurasia*

Si parte un tallo de celidonia mayor, verá que rezuma una savia que se conoce como leche del diablo, un látex naranja y amargo que identifica la planta como un miembro de la familia de la amapola. Esta especie podría ser tóxica, pero los envenenamientos son raros, puesto que prácticamente nadie le daría un mordisco a algo tan inquietante que, además, amarga tanto. Sin embargo, la savia de celidonia mayor se ha utilizado de muchas maneras a lo largo de los siglos. Tal vez su aplicación más habitual fuera para quitar verrugas, por eso también se conoce como hierba verruguera, tanto en España como en Gran Bretaña (*wartgrass* y *wartflower*) y Alemania (*warzenkraut*). Hay una cantidad inimaginable de remedios tradicionales para las verrugas, como engrasarlas con panceta robada y enterrar la carne o frotarlas con alubias y después tirarlas a un pozo, pero los científicos han descubierto que la savia de celidonia mayor podría ser eficaz para tratar el virus del papiloma humano (VPH) que causa las verrugas.

Esta planta crece en una vasta extensión territorial, desde Europa hasta el norte de Asia, pasando por Irán, Marruecos y Argelia, y se ha naturalizado en Norteamérica y el Reino Unido. Según el naturalista inglés Richard Mabey, puede que escapara de los jardines físicos y se extendiera alrededor del país. Prospera en descampados y bosques, y florece de principios de verano a principios de otoño. Es una planta efímera pero que puede expandirse rápidamente al producir grandes cantidades de relucientes semillas negras.

Desde la antigüedad, la celidonia mayor ha ido íntimamente ligada la golondrina, que anuncia la llegada del buen tiempo en Europa. De hecho, también se conoce como hierba golondrinera. El nombre del género, *Chelidonium*, viene de Quelidonia, un personaje femenino de la

mitología griega a quien el dios Zeus transformó en golondrina. En su libro *Historia natural* (publicado en el 77 e. c.), el escritor y naturalista romano Plinio el Viejo explica que la celidonia mayor florece al mismo tiempo que llegan las golondrinas a principios de verano, y asegura que estas aves utilizan la planta para curar la ceguera de sus crías. Además de favorecer la visión de las crías de golondrina, según Plinio la planta se utiliza en humanos como remedio para enfermedades relacionadas con la vista, lo mismo que decía el médico Pedanio Dioscórides. El herbolario inglés del siglo XVI John Gerard estaba de acuerdo, y puntualizó que la celidonia mayor «aguzaba la vista».

En siglos más recientes, la medicina tradicional de varias culturas, incluidas Europa y China, ha empleado la planta de formas distintas. Aparte de ser un remedio para erradicar las verrugas, se ha utilizado por vía tópica para tratar problemas cutáneos como erupciones, eczema e incluso la lepra; se ha tomado para cólicos, fiebres y gota; se ha administrado como sedante suave, y se ha utilizado para la ictericia y otras afecciones hepáticas. Algunas de estas aplicaciones se basaban en la teoría

Chelidonium majus.

218

de las signaturas, según la cual el aspecto físico de una planta permite aventurar sus propiedades medicinales. Se decía que las flores amarillas y la savia dorada de la celidonia mayor se parecían a la bilis, la sustancia que segrega el hígado para favorecer la digestión, de ahí que se utilizara para el tratamiento de enfermedades hepáticas y gastrointestinales. Sin embargo, hay algunas aplicaciones que parecen desafiar toda explicación, como la idea de que oler esta planta evitaba las discusiones matrimoniales... aunque puede que esto se debiera a sus supuestos poderes sedantes. Su color dorado también se aprovechó para distintas técnicas de tinción, incluido una tinta para manuscritos iluminados, un tinte de pelo y un colorante para tejidos.

Paradójicamente, dado su uso en la medicina natural, hoy día el principal riesgo de envenenamiento por celidonia mayor es el daño al hígado. Hay constancia de muchos casos de personas que precisaron asistencia hospitalaria por problemas hepáticos agudos, como ictericia, a raíz del uso de remedios naturales obtenidos de la planta, principalmente en Alemania, donde era muy popular. En consecuencia, debido a los temores sobre su seguridad, hoy día la celidonia mayor prácticamente no se utiliza en la medicina natural moderna.

Pero ¿por qué es tan nociva para el hígado, el órgano para el cual estaba indicada, al menos históricamente? La planta contiene varios alcaloides, incluidos quelidonina, berberina, alocriptopina, sanguinarina y protopina. Los científicos aún indagan de qué manera estos alcaloides funcionan conjuntamente para que afecten al hígado y otras partes del cuerpo, y cómo, al extraerse de la planta, pueden tener potencial antibacteriano, antifúngico, antiviral e incluso anticancerígeno. Aun así, puede afirmarse con seguridad que no es un superalimento para cultivar junto a las zanahorias y las lechugas del huerto.

LA CELIDONIA EQUIVOCADA

La celidonia mayor suele confundirse con la celidonia menor (*Ficaria verna*), que, aunque también es una flor amarilla venenosa, no es su pariente cercana. La celidonia menor florece en primavera, no en verano, y pertenece a la familia del ranúnculo. William Wordsworth tenía tanta pasión por la celidonia menor (además del narciso) que la flor se talló en la placa en su honor de la iglesia de San Oswaldo de Grasmere, en Cumbria, Inglaterra. Lamentablemente, la planta tallada en la piedra no se parece en nada a esta especie, por lo que probablemente se confundieron de celidonia.

PALMA DE SAGÚ

Nombre en latín	Familia	Nativa de
Cycas revoluta	*Cicadáceas*	*Sudeste de China y Japón*

La palma de sagú es una planta paradójica: fuente de alimento para evitar la hambruna en sus lugares de origen; planta doméstica y espécimen de paisajismo cultivada en todo el mundo, y fósil viviente cuyo veneno hace que muchos humanos incautos (y sus animales de compañía) terminen en el hospital.

Aunque su robusto tronco coronado con una roseta de frondas rígidas es la viva imagen de una palmera, en realidad no es una auténtica palmera. (La palma de sagú verdadera, un miembro genuino de la familia de las palmeras y no solo un doble, es una especie denominada *Metroxylon sagu* que crece en Indonesia y partes de Nueva Guinea).

La *Cycas revoluta*, o *sotetsu*, como se conoce en Japón, es una cícada, un antiguo grupo de plantas sin flor. Junto con las coníferas y los *ginkgos* forman parte del grupo de las gimnospermas (que significa «semilla desnuda» en griego), y se caracterizan porque la producción de semillas no tiene lugar en el interior de un ovario. Son dioicas, con lo que las plantas masculinas solo producen conos de polen, mientras que las femeninas solo producen conos de semillas.

El auge de esta planta fue en la época de los dinosaurios. De hecho, algunos científicos sugieren que la toxicidad que presenta en la actualidad se remonta a un mecanismo de defensa que evolucionó para evitar que se la comieran los antiguos reptiles. En el Mesozoico, hace unos 250 millones de años, el mundo estaba lleno de cicas, pero hoy solo sobreviven en los climas más cálidos. Uno de los miembros más conocidos de este grupo prehistórico es la palma de sagú, que prospera a lo largo de las orillas rocosas de las islas Ryukyu, al sur de Japón, así como en partes del sudeste de China, y representa la especie

más septentrional del género. Como todas las cícadas, es venenosa para los humanos y muchos animales. Su toxina principal es la cicasina, una sustancia cancerígena y neurotóxica. Se encuentra en toda la planta, pero en mayor concentración en las semillas.

Al cabo de 12 horas de consumir palma de sagú, empiezan los efectos físicos desagradables, desde violentos episodios de náuseas, diarrea y dolor estomacal hasta aumento de la frecuencia cardiaca, dolor de cabeza y debilidad. En los peores casos, esto puede derivar en daño hepático, parálisis, estado de coma y la muerte. Los animales de compañía suelen caer rendidos a los encantos de la palma de sagú y terminan en el veterinario porque se sienten atraídos por su sabor, un rasgo infausto para una planta de la que se venden millones de ejemplares para interior y convive con nuestros perros y gatos, pero no suele etiquetarse como venenosa. Algunos estudios científicos sugieren que podría haber una relación de causalidad entre la exposición a largo plazo a la palma de sagú, en especial las semillas crudas, y trastornos neurodegenerativos devastadores como la enfermedad de lytico-bodig, que provoca parálisis y demencia.

Esto no ha impedido que esta especie se convierta en una planta emblemática y práctica. Es resistente y lo bastante tolerante para crecer en condiciones precarias, por eso los agricultores la utilizan como cortavientos y rompeolas a lo largo de la costa. Sus hojas se aprovechaban como mordiente (fijador de tintes) en una técnica de tintura de hilo para telas de kimono denominada *dorozome*, así como para hacer escobas. Actualmente aún se exportan miles de hojas de palma de sagú para venderlas como follaje decorativo para funerales y arreglos florales. La medicina tradicional también ha empleado la palma para todo, desde el alivio del dolor hasta las hemorroides. Otra cualidad que hace que resulte tan práctica es su capacidad para mejorar el suelo que la rodea. Esto es porque fija el nitrógeno, algo que solo pueden hacer el 6 % de las plantas. La palma de sagú se alía con un tipo de bacteria especializada que vive en sus raíces para captar nitrógeno del aire y transformarlo en una forma que la planta puede utilizar, nitratos. Estos nitratos son absorbidos por la planta para alimentar su crecimiento. Las palmas de sagú suelen plantarse para mejorar el suelo donde se cultivan especies ávidas de nitrógeno, como la caña de azúcar y el arroz.

Pero esta cícada es un alimento por sí sola, aunque necesita someterse a un laborioso proceso de un mes de duración para liberar el almidón que contienen las semillas y el corto tronco, a la vez que se reducen las toxinas a niveles seguros para consumo humano. Puede parecer

Xilografía de Utagawa Hiroshige de unas palmas de sagú del santuario de Hachiman, de 1835-1842.

extraño considerar una planta innegablemente venenosa una fuente de alimento, pero es algo que también sucede con varios cultivos básicos de subsistencia de todo el mundo, como la yuca (*Manihot esculenta*) y el taro (*Colocasia esculenta*). La palma de sagú aún se come de vez en cuando en las islas Ryukyu, aunque actualmente suele sustituirse por alimentos menos laboriosos de preparar. Históricamente, la planta vivió su pleno desarrollo en épocas de extrema pobreza, cuando los isleños tenían poco más para comer. Durante el periodo Edo (1603-1868) y la Primera y la Segunda Guerra Mundial, el *sotetsu* mantuvo a muchas personas con vida cuando era imposible encontrar otros alimentos. Sin embargo, su consumo conllevaba el riesgo de sufrir un envenenamiento mortal si la palma de sagú no estaba lo bastante elaborada. Las hambrunas de las décadas de 1920 y 1930 aún se recuerdan como el *sotetsu jigoku*, o «el infierno de la cica».

Una última advertencia, en el caso de que encuentre una palma de sagú en su lugar de origen. El habu (*Protobothrops flavoviridis*), una víbora verde moteada de 2 metros de largo, suele colgarse en las frondas, donde pone los huevos. Al igual que la palma de sagú, esta serpiente, aunque su mordedura es mortal, es un ingrediente de una bebida local. El *habushu*, o *sake habu*, es una bebida alcohólica hecha de arroz, en cuyo proceso de producción se introduce una víbora habu (a veces viva, a veces muerta) en la botella. Es solo para valientes. Se supone que el alcohol neutraliza el veneno del habu, pero no es un licor que le aconsejaría tener en el mueble bar.

223

AGUIJÓN DEL SUICIDIO

Nombre en latín	Familia	Nativa de
Dendrocnide moroides	*Urticáceas*	*Vanuatu, Australia, Bali y las otras islas menores de la Sonda*

En términos estadísticos, es muy poco probable que esta planta le mate. Pero, si se enreda con ella, tendrá un dolor tan insoportable que preferiría estar muerto. Seis miembros del género *Dendrocnide*, o árboles urticantes, crecen en Australia, y todos ellos imponen un castigo muchísimo más angustioso y prolongado que su pariente más conocida de climas templados, la ortiga mayor (*Urtica dioica*).

Esta especie del clan Dendrocnide es conocida por su gran tamaño: el *D. excelsa* puede alcanzar entre 35 y 40 metros de alto. Pero su pariente, el aguijón del suicidio, compensa su pequeño tamaño y su porte arbustivo al infligir un dolor increíblemente intenso. La ecologista australiana Marina Hurley describe la agonía de una picadura como algo parecido a que te electrocuten y te quemen con ácido a la vez. Y habla con conocimiento de causa, puesto que ha tenido varios dolorosos encuentros mientras estudiaba estas plantas, uno de ellos lo bastante grave como para llevarla al hospital.

Uno de los problemas que plantea el aguijón del suicidio (conocido como gimpi gimpi en el idioma del pueblo indígena de los gubbi gubbi) es que no da indicios del destino que espera a quienes se enfrentan a ella. El nombre en latín *moroides* se refiere al hecho de que sus hojas se parecen a las del moral (familia de las moráceas). Efectivamente, las enormes hojas en forma de corazón del aguijón del suicidio, de hasta 50 centímetros de ancho, son similares. De 1 a 3 metros de alto, normalmente alcanza la altura justa para hacer caer en la trampa al excursionista desprevenido de los espacios naturales de Queensland y Nueva Gales del Sur, donde crece en claros de la selva tropical para aprovechar el sol y

el cobijo de los árboles más grandes. Las hojas y los tallos aterciopelados pueden parecer inofensivos, pero, si se estudian bajo el microscopio, se ven como una densa cubierta de pelos huecos ricos en sílice conocidos como tricomas, cada uno de hasta 7 milímetros de largo y cargados de neurotoxinas, listos para causar un sufrimiento extremo.

Los tricomas se incrustan en la piel al entrar en contacto con ella, y la punta del tricoma se abre para inyectar el cóctel de compuestos en la carne, como una aguja hipodérmica. El impacto es casi instantáneo. Al cabo de unos segundos, las víctimas notan hormigueo y ardor, seguidos de dolores punzantes que irradian en todas direcciones, piel

de gallina, aumento de la frecuencia cardiaca, sudoración y dolor en los ganglios linfáticos de las axilas y las ingles, que Hurley describe como si las partes del cuerpo fueran golpeadas entre dos tablas. Duele solo de pensarlo.

El dolor puede durar muchas horas, y no existe ningún antídoto. Los tricomas suelen incrustarse bajo la superficie de la piel, por lo que cuesta quitarlos. El dolor suele ser tan insoportable que las personas pierden el conocimiento, mientras que los caballos y los perros presentan lesiones o mueren mientras se retuercen de dolor. No se tiene constancia de muertes provocadas por el aguijón del suicidio, y solo una en 1922 causada por su pariente tropical *Dendrocnide cordata* en Papúa Nueva Guinea. Según Hurley, un hombre llamado Cyril Bromley le escribió para contarle su experiencia en la década de 1940 y le dijo que se volvió «loco como una serpiente cercenada», hasta el punto de que tuvieron que atarlo tres semanas a la cama del hospital.

Existen varios remedios tradicionales para las picaduras del aguijón del suicidio, como aplicar barro en la piel y dejar que se seque antes de retirarlo; frotarlas con la savia de otra planta autóctona, el cunjevoi (*Alocasia brisbanensis*), o aplicar una pasta hecha con las raíces del aguijón del suicidio. Aun así, ninguno de ellos ha demostrado ser muy eficaz. La aplicación de antiséptico Dettol sin diluir y un vendaje empapado en una solución con un 10 % de ácido clorhídrico va algo mejor, pero, aparte de evitar la planta, el mejor plan de acción es aplicar unas bandas de cera depilatoria o cinta adhesiva resistente y retirarlas para extraer los tricomas, además de tomar antihistamínicos y analgésicos, incluida morfina. Sea cual sea el método elegido, las víctimas suelen afirmar que el dolor es recurrente meses después de la picadura, sobre todo cuando la piel afectada se expone al agua o se frota. La planta, además, es muy resistente. Las hojas muertas conservan su poder urticante, incluso en el caso de especímenes de herbario de más de cien años de antigüedad.

Si quiere vérselas con esta planta, deberá equiparse. El personal del jardín de especies venenosas de Alnwick lleva un traje de protección especial, respirador y guantes para manipular el aguijón del suicidio, que está dentro de una vitrina de cristal por seguridad. Estas medidas no son excesivas, puesto que basta acercarse demasiado a esta planta para que la brisa levante los tricomas y provoquen ataques de estornudos, problemas respiratorios y hemorragias nasales.

Por increíble que parezca, hay animales que interactúan habitualmente con el aguijón del suicidio y salen indemnes. Varios insectos, como el *Prasyptera mastersi*, un escarabajo de hoja de color verde negruzco, se alimenta de las hojas, mientras que un marsupial parecido al ualabí, el pademelon de patas rojas, deshoja una planta entera si tiene ocasión. Los frutos parecidos a la mora son comestibles, aunque sería absurdo intentar cogerlos porque son insípidos y el proceso de recolección sería muy arriesgado. Sin embargo, los murciélagos y los pájaros a los que les gustan ayudan a diseminar las semillas.

Los científicos han tardado muchos años en identificar exactamente los compuestos químicos del interior de los tricomas que infligen esta tortura. En los últimos años, un equipo de la Universidad de Queensland ha descubierto un grupo de neurotoxinas cuya estructura molecular se parece al veneno de la araña, el escorpión y el caracol cono, a la que ha llamado gimpiétidos. Su estructura en forma de nudo hace que resulten extremadamente estables y duras para que el cuerpo pueda partirlas (razón por la cual las hojas siguen pinchando cuando están muertas). Los gimpiétidos interrumpen los canales del cuerpo que controlan las señales del dolor y los mantienen abiertos, de modo que la agonía es continua. En realidad, no causan ningún daño al organismo, sino que solo provocan una reacción de dolor intensa y duradera. ¿Podría este descubrimiento ayudar a la medicina a desarrollar nuevos conocimientos de cómo controlar el dolor como sugieren los científicos? Esperemos que sí.

HIERBA DEL DESAMOR

Nombre en latín	Familia	Nativa de
Gelsemium elegans	*Gelsemiáceas*	*Nordeste de India, partes de China y sudeste asiático*

Shennong es una figura legendaria de la mitología china que vivió en el siglo XXVIII a. e. c. Se le atribuye la invención de la agricultura, pero también de la medicina tradicional china. Para comprobar las propiedades medicinales de las plantas, ingirió miles de ellas. Según algunas versiones del mito de Shennong, tenía el abdomen transparente, o de cristal, para comprobar con precisión los efectos que tenía cada especie en sus entrañas. Pero fue la hierba del desamor lo que finalmente acabó con el aparentemente indestructible Shennong. Cuenta la leyenda que ingirió la planta como de costumbre, pero el veneno que contenía hizo su efecto letal antes de que pudiera alcanzar la bolsa de hierbas para encontrar un antídoto. Por eso no es de extrañar que el nombre de la planta en mandarín sea *gou wen*, que significa «beso letal». Sea un relato verídico o no, demuestra que el método de ensayo y error (a veces con consecuencias mortales) suele ser la manera en la que nuestra relación con las plantas venenosas se ha desarrollado a lo largo de la historia

La hierba del desamor es un arbusto trepador que vive en los bosques tropicales del sur y el sudeste de Asia y alcanza los 12 metros de largo. En verano, produce ramilletes de alegres flores amarillas parecidas al jazmín. Hay rumores constantes, aunque apenas pruebas concluyentes, de que era el arma preferida de asesinos y homicidas en Rusia y China. Sin embargo, en un caso documentado en 2011, Long Liyuan, un empresario multimillonario del sur de China, murió después de comer en un restaurante un plato de carne de gato guisada a fuego lento que un enemigo había aderezado con hierba del desamor.

Al año siguiente, esta planta copó de nuevo los titulares cuando se sugirió que era la causa de la misteriosa muerte del millonario y delator ruso Alexander Perepilichny. Tras una investigación exhaustiva, en 2018, el médico forense dictaminó que Perepilichny había muerto por causas naturales.

Sin embargo, la mayoría de las muertes atribuidas a la hierba del desamor se deben a errores de confusión o suicidios. Los habitantes de zonas rurales de China y Vietnam que recolectan plantas comestibles o medicinales la confunden con otras trepadoras parecidas, como *Stephanotis volubilis*

y *Jasminum nervosum*. Uno de los envenenamientos fortuitos mejor documentados tuvo lugar en la provincia china de Guizhou en 2011. Un hombre murió tras ingerir un licor elaborado con lo que él creía que era una planta medicinal conocida como da *xue teng* (*Sargentodoxa cuneata*). Durante la cena posterior al funeral, diez personas se sintieron gravemente indispuestas después de tomar el mismo licor, cuatro de las cuales murieron. No se supo hasta después que el hombre había utilizado sin querer hierba del desamor en lugar de da *xue teng*, con consecuencias fatales.

También hay casos de personas que han intentado quitarse la vida con esta planta, plenamente conscientes de su mala fama. Minutos después de su consumo, las víctimas se sienten aturdidas y tienen náuseas, y, después, experimentan palpitaciones y visión borrosa. En los peores casos, esto deriva en insuficiencia respiratoria, estado de coma y, finalmente, la muerte. Estos síntomas son parecidos a los del veneno tristemente célebre por excelencia, la nuez vómica (véase p. 240).

Llegados a este punto, la historia de la hierba del desamor da un giro vertiginoso. El relato del «beso letal» es paralelo al del uso centenario de esta planta como remedio natural en la cultura china, principalmente aplicada externamente en la piel para aliviar numerosas dolencias, como artritis reumatoide, ciática, úlceras y neuralgia. También la medicina occidental es consciente de su valor desde hace 150 años o más. A partir de 1870, los científicos empezaron a identificar algunos de los más de cien alcaloides que contiene, los cuatro principales de los cuales eran la gelsemina, la koumina, la gelsevirina y la gelsenicina. La gelsemina se une a determinados receptores del cerebro que indican a los músculos que se relajen, por lo que tiene potencial como tratamiento de varias enfermedades, desde asma hasta migrañas. Los investigadores también estudian la koumina por su potencial como medicamente anticancerígeno.

Sin embargo, como hemos visto, la potente toxicidad de esta planta significa que una sobredosis provoca síntomas desagradables, como un estudiante de la escuela de medicina de Edimburgo descubrió en 1879. El joven se llamaba Arthur Conan Doyle. Ocho años antes de que diera vida a su detective adicto a la cocaína Sherlock Holmes en las páginas de su primea novela, *Estudio en escarlata*, decidió seguir el camino de Shennong y experimentó con los límites de lo que podía tomarse con seguridad por encima de la dosis recomendada. La droga en cuestión era la gelsemina, que se prescribía habitualmente para el dolor neuropático. Probablemente se sintetizaba a partir de uno de los parientes cercanos de la hierba del desamor y semejantes, el jazmín amarillo (*Gelsemium sempervirens*) y el jazmín de pantano (*G. rankinii*), nativos del sur de Estados Unidos, México y Honduras. Probablemente, los ingredientes activos eran los mismos, puesto que las tres plantas tienen una composición química similar y tienen tanto reputación de venenosas como de medicinales. El *British Medical Journal* publicó una carta de Conan Doyle en la que explicaba sus hallazgos y confesaba que siguió aumentando la dosis día a día hasta que experimentó «diarrea extrema», dolor de cabeza severo y depresión.

Un siglo y medio después, los científicos siguen desentrañando los misterios de las plantas del género *Gelsemium*, con múltiples vías de investigación de sus compuestos químicos como agentes anticancerígenos, tratamiento para el dolor crónico y antiinflamatorios.

PEREJIL GIGANTE

Nombre en latín	Familia	Nativa de
Heracleum mantegazzianum	*Apiáceas*	*El Cáucaso*

Cuando Lexi Hardwick puso unas bonitas flores blancas en el cochecito de su hermana Lottie en 2020, no era consciente de que aquella planta causaría tantos estragos en las mejillas de la niña de tres meses, que tuvo que ser ingresada en la unidad de quemados del hospital. Las heridas de Lottie coparon los titulares de la prensa británica, que advertía de los peligros de esta planta colosal.

Es poco probable que el perejil gigante le mate, pero puede causarle lesiones que le cambien la vida, como ceguera y cicatrices. Además, la planta tiene el apelativo de gigante con razón. Con 5 metros de alto e inflorescencias de hasta 80 centímetros de ancho, así como tallos huecos con motas moradas de unos 10 centímetros de diámetro, es impresionante. El artículo que el naturalista británico E. A. Ellis publicó en el Guardian en 1969 da en el clavo al describir su descubrimiento de un ejemplar de perejil gigante en un bosque de Norfolk: «En presencia de algo tan colosal me siento como Gulliver en Brobdingnag».

Los botánicos lo consideran la planta herbácea de mayor tamaño de la gran variedad de especies que crecen en Europa. Sin embargo, no es propiamente nativa de este continente, sino que procede del Cáucaso, que se encuentra en la frontera de Europa y Asia, donde crece en lugares húmedos junto a ríos y arroyos. En los últimos dos siglos se ha convertido en absolutamente invasiva, y se ha extendido por toda Europa y partes de Norteamérica, donde ha colonizado descampados, bordes de carreteras y orillas de ríos. Esta especie no es la única del género *Heracleum* con ambiciones expansionistas. El golpar (*Heracleum persicum*) es nativo de Turquía e Irán, pero tan abundante en Escandinavia que ahora se conoce como la palmera de Tromsø, por

232

la ciudad noruega donde es habitual encontrarla en jardines y espacios naturales. No es casualidad que el nombre del género *Heracleum* tenga su origen en el legendario dios griego Hércules.

La primera vez que se tuvo constancia de la llegada del perejil gigante a Inglaterra fue en 1817, cuando las semillas de los jardines botánicos de Gorenki, cerca de Moscú, Rusia, aparecieron en los de Kew, Londres. A los horticultores victorianos les encantaba la estatura y la espectacularidad de esta planta, y la adoptaron como especie de jardín para plantarla cerca de estanques, aunque no tardó en saltar las vallas. Solo 11 años después, se hallaron las primeras plantas en estado silvestre 100 kilómetros al norte de Kew, en el condado de Cambridgeshire. Desde entonces, esta especie se ha extendido por todas partes. El perejil gigante es una planta monocárpica, por lo que florece profusamente una sola vez y muere, pero cada ejemplar puede producir nada menos que 20 000 semillas ovaladas en forma de disco y lo bastante ligeras para dejarse llevar por la brisa o flotar en el agua y colonizar grandes zonas en poco tiempo, sobre todo cuando hay inundaciones. A veces se confunde con otros miembros de la familia de las umbelíferas, como la branca ursina (*Heracleum sphondylium*), la angélica (*Angelica archangelica* y *Angelica atropurpurea*) y el igualmente tóxico nabo del diablo (véase p. 146).

No es extraño encontrar densas poblaciones de esta planta, tan grandes que impiden el crecimiento de otras, y los científicos han descubierto pruebas cada vez más irrefutables de que el perejil gigante tiene la capacidad de liberar sustancias químicas que inhiben el crecimiento de otras especies, un fenómeno conocido como alelopatía. Uno de los problemas que plantea el control del perejil gigante invasivo son las medidas de seguridad necesarias para erradicarlo del paisaje. Los trabajadores del jardín de plantas venenosas de Alnwick, en Northumberland, Inglaterra, se ponen trajes de protección especiales, pantallas faciales incluidas, cuando eliminan el exceso de ejemplares de perejil gigante de su colección.

El complejo término que designa el daño que provoca la exposición a esta planta es fitofotodermatitis. El perejil gigante es uno de los muchos miembros de la familia de las umbelíferas, o apiáceas, que contienen compuestos químicos denominados furanocumarinas, que protegen la planta de los ataques de hongos e insectos. También constituyen un riesgo notable para los humanos. Cuando el perejil gigante entra en contacto con la piel, la savia hace que las células sean mucho más vulnerables a la radiación ultravioleta del sol. De hecho, al cabo de uno o dos días, la piel de las personas que tienen contacto con la planta empieza a

234

enrojecerse como si fuera una quemadura solar. Después, pueden aparecer ampollas y zonas en carne viva, y la fotosensibilidad puede durar semanas, meses o incluso años después del contacto. Si la savia entra en los ojos, la cosa empeora, puesto que puede causar molestias, enrojecimiento y ceguera temporal o permanente.

El peligro potencial del perejil gigante se conocía en los siglos XVIII y XIX, pero parece que no cuajó hasta la década de 1970. La prensa británica publicó una avalancha de artículos que alertaban sobre una planta a la que calificaban de «trífida» (como las plantas monstruosas de la novela *El día de los trífidos* de John Wyndham de 1951) a raíz de una serie de hospitalizaciones de niños con quemaduras terribles. Los más pequeños están más expuestos a los riesgos de la planta porque es más probable que jueguen cerca de ella e incluso utilicen los tallos huecos como cerbatanas o para jugar a espadas, y su piel tierna es más propensa a sufrir lesiones. En décadas posteriores ha habido más casos de alarmismo mediático, normalmente cuando la meteorología anual favorece patrones de crecimiento sumamente exuberantes, con titulares como «Quema, produce ceguera y podría estar en su jardín». Actualmente el perejil gigante se clasifica como una mala hierba tóxica en Estados Unidos y el Reino Unido. Estudios científicos recientes han descubierto que algunas especies problemáticas del género *Heracleum* del Reino Unido en realidad podrían ser la especie hermana *Heracleum lehmannianum*. Esta planta tiene el mismo potencial nocivo, pero, como planta perenne que puede florecer una y otra vez a lo largo de su vida, podría resultar incluso más difícil de controlar.

CORAL DE FUEGO VENENOSO

Como indica el nombre de la planta en inglés, *hogweed* («hierba porcina»), los cerdos comen perejil gigante sin ningún problema, al igual que el ganado vacuno y ovino, lo cual es una manera de controlar las extensiones masivas de esta planta sin recurrir a herbicidas. Al parecer, el nombre también alude al olor a granja de las flores.

235

CORAL DE FUEGO VENENOSO

Nombre en latín	Familia	Nativa de
Trichoderma cornu-damae	*Hipocreáceas*	*Sudeste y este de Asia y Australia*

De todos los síntomas de envenenamiento que infunden temor en el corazón del aspirante a recolector de plantas, el encogimiento del cerebro debe ser uno de los primeros de la lista. Otros síntomas del consumo de coral de fuego venenoso son pérdida de cabello; descamación de la piel de pies, manos y cara; daños medulares, y, en los casos más graves, fallo orgánico seguido de la muerte.

El coral de fuego venenoso es un hongo saprófito que crece principalmente en las raíces de los árboles. Sus cuerpos fructíferos son bonitos, pero también letales, y emergen de la tierra como llamaradas escarlatas o, como su nombre común indica, como un coral. En su Japón natal se conoce como *kaentake*, que se traduce como «seta de fuego», mientras que *cornu-dama*, del nombre científico, significa «asta de ciervo». El principal riesgo que plantea este hongo es cuando se identifica erróneamente como si fuera una de las especies comestibles y medicinales con las que guarda cierto parecido. Cuando son inmaduros, los cuerpos fructíferos se parecen a la seta comestible *reishi* (*Ganoderma lucidum*), que se recolecta por sus propiedades medicinales, y cuando maduran, a dos especies conocidas como hongos de oruga, *Cordyceps sobolifera* y *Cordyceps militaria*, así como a los hongos coral *Clavulinopsis laeticolor* y *Clavulinopsis miyabeana*.

El coral de fuego venenoso se identificó y recibió su nombre científico en 1895, y hasta hace poco se consideraba nativo de Japón, China

y Corea. En los últimos tiempos, los científicos han identificado esta especie en otros países de la región, incluidos Indonesia, Papúa Nueva Guinea, India y Australia. Se tiene constancia de relativamente pocas víctimas mortales por envenenamiento de esta especie. Sin embargo, en los últimos años ha habido una mayor incidencia en Japón, puesto que lo que antes era una especie difícil de encontrar se ha reproducido en zonas más pobladas del país, lo que se ha traducido en una mayor cantidad de envenenamientos por confusiones de identidad. Cinco personas fueron hospitalizadas después de tomar sake infusionado con solo un gramo de coral de fuego venenoso, una de las cuales murió. En Corea del Sur también se han producido algunos envenenamientos. En uno de los casos, dos personas se envenenaron después de tomar una infusión de este hongo y una de ellas murió. Las razones de su expansión no se conocen con exactitud, pero los científicos creen que existe una relación entre la proliferación de la enfermedad del marchitamiento del roble japonés y el aumento de avistamientos de este llamativo hongo. La plaga está causada por otro hongo, el patógeno *Raffaelea quercivora*, y el coral de fuego venenoso parece prosperar en las raíces muertas de los árboles que han sucumbido a la enfermedad.

La reciente expansión geográfica del coral de fuego venenoso ha desatado una avalancha de artículos en la prensa sobre un «hongo asesino» que encogía el cerebro. Muchos de ellos incluían un detalle que avivó aún más el miedo: mientras que las otras setas mencionadas en este libro (véanse págs. 48, 92 y 98) pueden manipularse sin miedo a envenenarse (solo son tóxicas cuando se ingieren), se decía que el coral de fuego venenoso puede transmitir sus toxinas a la piel humana solo con tocarlo, lo que provoca dermatitis y descamación de la piel. Sin embargo, algunos expertos discrepan al asegurar que han tenido contacto con los jugos de esta especie sin sufrir ningún daño. Las principales toxinas que contiene el coral de fuego venenoso son los tricotecenos, que pueden atravesar la barrera cutánea, aunque hasta ahora son anecdóticos los casos en los que esto ha sucedido. Estas toxinas inhiben un proceso fundamental denominado síntesis de proteínas en el cuerpo humano que nos permite crecer y reparar las células. Cuando este proceso se interrumpe, se manifiestan los terribles síntomas enumerados anteriormente.

No existe constancia de ningún niño envenenado por coral de fuego venenoso, aunque es posible que los más pequeños se sientan atraídos por sus vivos colores. No es de extrañar, por tanto, que esta especie fuera el villano de un libro infantil japonés publicado en 2017, presuntamente para advertir a los más pequeños de los peligros de jugar con este hongo. En la obra exquisitamente ilustrada *Cuidado con los kaentake*, de Motoko Ishikawa, uno de los protagonistas, el señor Shiitake Seco, se encuentra con una banda de *kaentake* venenosos y se ve obligado a improvisar un baile. Sin embargo, se mueve tan bien que los hongos depredadores lo toman prisionero.

Pero terminemos con una nota de optimismo. Roridin E, uno de los tricotecenos descubiertos en el coral de fuego venenoso, no solo puede causar daños, sino también curar. Estudios recientes han demostrado que es un anticancerígeno, antivírico y cicatrizante muy prometedor.

NUEZ VÓMICA

Nombre en latín	Familia	Nativa de
Strychnos nux-vomica	*Loganiáceas*	*Sur y sudeste de Asia*

«Me quedé en estado comatoso, pero estaba completamente despierto. Oía que todos decían: "¡Está muerto, está muerto!"». Así describió Keith Richards, de los Rolling Stones, su encontronazo con la estricnina cuando el semanario *NME* le preguntó por su experiencia cuando le adulteraron la droga con este veneno en Suiza en la década de 1970.

Puede que Richards viviera una situación terrible, pero en realidad fue un golpe de suerte, porque morir envenenado por estricnina debe ser una de las formas más terribles de abandonar este mundo. La estricnina es un alcaloide que inhibe la función de los neurotransmisores que controlan nuestros músculos: en cuanto no hay un «interruptor de apagado», el cuerpo reacciona de forma exagerada al menor estímulo. Los síntomas pueden manifestarse rápidamente, en general al cabo de una hora de la ingesta, mediante espasmos musculares que aumentan de intensidad hasta que se produce el opistótonos, una afección por la que los músculos se contraen tan fuerte que el cuerpo se dobla hacia atrás en forma de arco rígido. Los espasmos pueden durar segundos o minutos, pero cada uno de ellos es una agonía. La cara también se ve afectada con la aparición de una sonrisa forzada (o risa sardónica, véase pág. 146).

La estricnina es capaz de atravesar la barrera hematoencefálica, lo que significa que, como le sucedió a Keith Richards, las víctimas están completamente conscientes y perciben la agonía, pero son incapaces de pedir ayuda. La muerte suele sobrevenir a resultas de una insuficiencia respiratoria causada por los espasmos, una parada cardiaca o agotamiento. Los síntomas son muy parecidos a los del tétanos, una infección bacteriana.

La estricnina es un veneno muy conocido, principalmente gracias a célebres relatos de ficción más que a casos de la vida real, como el asesinato de Norman Bates a su madre en la película *Psicosis*; la primera novela de Agatha Christie, *El misterioso caso de Styles*, y la novela de Sherlock Holmes *El signo de los cuatro*, de *sir* Arthur Conan Doyle. Lo que es menos conocido es que este veneno procede de las semillas en forma de botón de un árbol que crece en el subcontinente indio y Asia.

La nuez vómica puede alcanzar los 20 metros de alto y es una especie de hoja caduca bastante anodina que crece en las lindes de selvas tropicales húmedas, así como ríos y praderas. Tras sus flores verde claro de olor fétido aparecen los frutos de piel dura del tamaño de una manzana que se vuelven de color naranja al madurar. La pulpa contiene semillas duras en forma de disco cubiertas de pelos sedosos que son la fuente principal de estricnina. A pesar de la toxicidad de las semillas, la pulpa hace las delicias del murciélago de la fruta, el macaco coronado y el cálao rinoceronte. La pariente sudamericana de la planta, la *Strychnos toxifera*, es una trepadora de la que se obtiene veneno de flecha (véase p. 40), no obstante la aplicación principal de la nuez vómica es el veneno para animales, como cebo para ratas, peces, palomas, conejos y lobos, tanto en su área de distribución natural como, a partir del siglo XVI, en Europa.

La estricnina la descubrieron en 1818 los químicos franceses Pierre-Joseph Pelletier y Joseph-Bienaimé Caventou, que la extrajo de las semillas de otra planta del género *Strychnos*, la trepadora cabalonga (*S. ignatii*). No fue hasta 1954 cuando se descifró la estructura química completa de la estricnina. En las últimas décadas se ha sustituido por otros venenos más seguros, pero, antiguamente, su disponibilidad como veneno para animales facilitaba mucho la compra del arma homicida. Sin embargo, existe constancia de relativamente pocos asesinatos con estricnina en la vida real. Tal vez el más conocido sea el de la inglesa Christiana Edmunds, conocida como la asesina del chocolate, que envenenaba bombones con esta sustancia. Edmunds fue condenada a muerte en 1872, pero la sentencia fue conmutada por cadena perpetua y vivió el resto de sus días en el psiquiátrico de alta seguridad de Broadmoor.

Hoy día, la estricnina raramente se utiliza como arma homicida, puesto que sus síntomas son demasiado obvios. La mayoría de los envenenamientos son el resultado de intentos de suicidio o envenenamientos fortuitos, a veces después de tomar heroína, cocaína u otras drogas «cortadas» con estricnina en polvo o remedios naturales que contenían esta sustancia. Dado su horrendo potencial como veneno, cuesta creer que la estricnina haya formado parte de la farmacopea de muchas medicinas tradicionales, en concreto la ayurvédica y la china, aunque las semillas suelen desintoxicarse antes de utilizarlas. También ocupó un lugar en la medicina occidental, como ingrediente estimulante de tónicos y energizantes para mejorar el apetito y favorecer la digestión. A finales del siglo XIX, los atletas también utilizaban estricnina como estimulante para aumentar el rendimiento, y la cocaína y la heroína se pusieron de moda con resultados parecidos.

En los Juegos Olímpicos de 1904 celebrados en San Luis, Misuri, Estados Unidos, el corredor de maratón estadounidense Thomas Hicks ganó la medalla de oro entre un total de 32 participantes, aunque sus entrenadores tuvieron que administrarle estricnina, *brandy* y claras de huevo para que recuperara fuerzas durante la carrera. (En realidad, Hicks no fue el primero que cruzó la línea, sino su compatriota Fred Lorz, aunque quedó descalificado rápidamente cuando se descubrió que había recorrido parte del trayecto en autostop). La estricnina se utilizó como potenciador del rendimiento hasta las décadas de 1920 y 1930, cuando empezó a sustituirse por anfetaminas. Actualmente, forma parte de la lista de sustancias prohibidas para el deporte de la Agencia Mundial Antidopaje, pero ha habido un par de casos de atletas que han dado positivo por estricnina, incluida la voleibolista china Wu Dan, que fue expulsada de los Juegos Olímpicos de Barcelona en 1992 y culpó a un tónico de la medicina tradicional china de los resultados.

ONGAONGA

Nombre en latín	Familia	Nativa de
Urtica ferox	*Urticáceas*	*Aotearoa/Nueva Zelanda*

Desde hace mucho, la ciencia ha llegado a la conclusión de que el hecho de que la ortiga pique es una táctica defensiva que evolucionó hace eones para evitar que los grandes herbívoros se las comieran. Aun así, hay una planta de la familia de las ortigas que dio motivos para reflexionar a los científicos. El ongaonga puede alcanzar los 3 metros de alto en su Aotearoa/Nueva Zelanda natal, y es una de las ortigas más urticantes del mundo, además de la más grande. Sin embargo, buscará en vano herbívoros nativos más grandes que el ave no voladora *kākāpō*, que, aunque es el loro que más pesa del mundo, solo mide 63 centímetros de alto.

La explicación de la estatura descomunal del ongaonga guarda relación con la historia de otro pájaro no volador. Durante millones de años, hasta que se extinguió hace unos cinco siglos, el *moa* campaba a sus anchas por el territorio. Algunas especies de esta ave pesaban más de 200 kilos y medían 3 metros, la altura ideal para mordisquear el follaje del ongaonga. De modo que la planta desarrolló un fuerte mecanismo de defensa para que su encanto no resultara tan irresistible a este gigantesco herbívoro. Los científicos han corroborado esta teoría con el hallazgo de restos de la planta en mollejas y excrementos de *moa*.

El ongaonga se encuentra en las islas Norte y Sur de Aotearoa/Nueva Zelanda, en latitudes tan meridionales como Otago, y prefiere crecer en lindes de bosques y claros donde hay más luz solar. Ahora que el *moa* ya no está, esta ortiga gigante tiene que conformarse con pinchar a los humanos desprevenidos y algún que otro perro o caballo. Y hace su trabajo a la perfección. Como su pariente australiano el aguijón del suicidio (véase pág. 224), el ongaonga suele causar mucho dolor y molestias en lugar de matar, aunque se tiene constancia de la muerte de un cazador que se adentró en un terreno con estas plantas en 1961.

Al contrario que el aguijón del suicidio, es como si el ongaonga estuviera preparado para hacer daño, de ahí el nombre *ferox*, «feroz»

en latín, del nombre científico. Las hojas dentadas y los tallos están blindados con un manto de espinas blancas. Son tricomas, con el mismo método de inyección que el aguijón del suicidio: los tricomas huecos de 7 milímetros de largo se clavan en la piel, como una aguja hipodérmica, de quienquiera que se atreva a tocar la planta. El extremo se desprende e inyecta una dosis de toxinas que causan dolor inmediato y una sensación de hormigueo, seguidos de entumecimiento. Las picaduras graves pueden causar otros síntomas, como confusión, dificultades respiratorias, bajada de la tensión arterial, alteraciones visuales, deterioro del movimiento e incluso parálisis. Durante algún tiempo, los científicos creyeron que las toxinas de los pinchos del ongaonga contenían histamina, serotonina y acetilcolina, tres neurotransmisores. Pero una investigación científica reciente ha identificado los agentes principales del dolor en los tricomas tóxicos de la planta. Son dos péptidos neurotóxicos, que son un tipo de proteína en miniatura. Uno, llamado Δ-Uf1a, inflige dolor al alterar las membranas celulares, mientras que el otro, β/δ-Uf2a, interfiere en las neuronas para dejar los receptores del dolor abiertos, igual que las toxinas gimpiétidas de los pinchos del aguijón del suicidio.

Esta planta es sagrada para los maoríes. Según la tradición, Kupe, el primer polinesio que llegó a Aotearoa, plantó ongaongas alrededor del territorio para protegerlo de los intrusos. Ongaonga significa «asco» o «repulsión» en maorí, aunque también es el nombre de una talla en forma de dientes de perro que recuerda a las hojas de la planta. También se utiliza en la medicina tradicional maorí como analgésico y remedio para el dolor estomacal, enfermedades de transmisión sexual y eczema. Los dulces tejidos internos de los tallos también servían de alimento.

Pese a su potencial nocivo, hay un argumento convincente para dejar el ongaonga en lugares más agrestes. Para la mariposa almirante rojo, nativa de Nueva Zelanda, el ongaonga es su planta huésped principal, en la que pone los huevos. Sus orugas se alimentan de las hojas, de cuya toxicidad aparentemente no se ven afectadas, además de enrollárselas alrededor del cuerpo a modo de tienda protectora. Esta especie de mariposa está en retroceso y ha desaparecido completamente de algunas zonas del país, probablemente debido al aumento del uso de pesticidas en aerosol y el declive de su planta huésped. Por increíble que parezca, hay un ave que caza las orugas que se alimentan del ongaonga. El cuclillo bronceado ha evolucionado para ser inmune a los pinchos de ongaonga y a los pelos igual de tóxicos no de plantas, sino de otras especies de oruga que captura.

El epílogo de la historia del ongaonga procede, sorprendentemente, del mundo de la moda, donde esta planta hizo un insólito cameo en un desfile celebrado en Florencia, Italia. Los invitados al desfile de la colección «Crucero» de Gucci de 2018 recibieron su invitación en una caja con las letras impresas «*Urtica ferox*». Al parecer, el diseñador Alessandro Michele se sintió atraído por la planta porque podía utilizarse como veneno y remedio natural, y también estampó *Urtica ferox* en un jarrón con las asas en forma de serpiente que Gucci tiene a la venta por más de 3800 dólares.

ÍNDICE ALFABÉTICO

BIBLIOGRAFÍA

Para obtener la lista completa de los artículos académicos
consultados para cada planta, visite janeperrone.com/atlas.

Ayres, Peter. *Britain's Green Allies: Medicinal Plants in Wartime*. Matador, 2015.

Bernhardt, Peter. *Gods and Goddesses in the Garden: Greco-Roman Mythology and the Scientific Names of Plants*. Rutgers University Press, 2008.

Bevan-Jones, Robert. *The Ancient Yew: A History of Taxus Baccata*. Windgather Press, 2004.

Bradbury, Neil. *A Taste for Poison: Eleven Deadly Substances and the Killers Who Used Them*. HarperNorth, 2022.

Brown, Michael. *Death in the Garden: Poisonous Plants and Their Use Throughout History*. White Owl, 2018.

Buckingham, John. Bitter Nemesis: *The Intimate History of Strychnine*. CRC Press, 2008.

Caiuby Labate, Beatriz, y Cavnar, Clancy. *Peyote History, Tradition, Politics, and Conservation*. Praeger, 2016.

Cooper, Marion R., Johnson, Anthony W. y Dauncey, Elizabeth A. *Poisonous Plants and Fungi: An Illustrated Guide*. Stationery Office Books, 1988.

Crosby, Donald G. *The Poisoned Weed: Plants Toxic to Skin*. OUP, 2004.

Culpeper, Nicholas. *Culpeper's Complete Herbal: Illustrated and Annotated Edition*. Sterling, 2019.

Cunningham, Scott. *Cunningham's Encyclopedia of Magical Herbs*. Llewellyn Publications, 2000.

Duke, James A. *Handbook of Nuts: Herbal Reference Library*. CRC Press, 2019.

Emsley, John. *Molecules of Murder: Criminal Molecules and Classic Cases*. Royal Society of Chemistry, 2008.

Farmer, Edward E. *Leaf Defence*. Oxford University Press, 2016.

Gurib-Fakim, A., y Schmelzer, G. H., eds. *Medicinal Plants*. PROTA Foundation, 2008.

Grieve, Maud, A. *Modern Herbal: The Medicinal, Culinary, Cosmetic and Economic Properties, Cultivation and Folklore of Herbs, Grasses, Fungi, Shrubs and Trees with All Their Modern Scientific Uses*. Dover Publications, 1973.

Harkup, Kathryn. *A is for Arsenic: The Poisons of Agatha Christie*. Bloomsbury Sigma, 2015.

Hay, Alistair, Gottschalk, Monika, y Holguín, Adolfo. *Huanduj: The Genus Brugmansia*. Kew Publishing, 2012.

Howkins, Chris. *Poisonous Plants in Britain: A Celebration*. Chris Howkins, 2006.

Lawrence, Sandra. *The Magic of Mushrooms: Fungi in Folklore, Superstition and Traditional Medicine*. Welbeck, 2022.

Mabey, Richard. *Weeds: The Story of Outlaw Plants*. Profile Books, 2012.

Martinez, José L., Maroyi, Alfred, y Wagner, Marcelo L., eds. *Ethnobotany: From the Traditional to Ethnopharmacology*. CRC Press, 2024.

Marley, Greg A. *Chanterelle Dreams, Amanita Nightmares: The Love, Lore, and Mystique of Mushrooms.* Chelsea Green Publishing Co., 2013.

McDowell, Marta. *Gardening Can Be Murder: How Poisonous Poppies, Sinister Shovels, and Grim Gardens Have Inspired Mystery Writers.* Timber Press, 2023.

Miller, R. J. *Drugged: The Science and Culture Behind Psychotropic Drugs.* Oxford University Press, 2015.

Moerman, Daniel E. *Native American Medicinal Plants: An Ethnobotanical Dictionary.* Timber Press, 2009.

Nellis, David W. *Poisonous Plants and Animals of Florida and the Caribbean.* Pineapple Press, 1997.

Neuwinger, Hans Dieter. *African Ethnobotany: Poisons and Drugs.* CRC Books, 1996.

Pavord, Anna. *Bulb.* Mitchell Beazley, 2009.

Pouliot, Alison. *Meetings with Remarkable Mushrooms: Forays with Fungi across Hemispheres.* University of Chicago Press, 2023.

Pratt, Anne. *Poisonous, Noxious, and Suspected Plants of our Fields and Woods.* Society for Promoting Christian Knowledge, 1857.

Primrose, Sandy. Plants, *Poisons and Personalities.* Librario Publishing, 2010.

Pyšek, P, Cock, M. J. W., Nentwig, W., y Ravn, H. P., eds. *Ecology and management of giant hogweed (Heracleum mantegazzianum).* CABI Publishing, 2007.

Quattrochi, Umberto. *CRC World Dictionary of Medicinal and Poisonous Plants.* CRC Press, 2012.

Rätsch, Christian. *The Encyclopedia of Psychoactive Plants: Ethnopharmacology and Its Applications.* Park Street Press, 2005.

Richmond, Advolly. *A Short History of Flowers: The Stories That Make Our Gardens.* Frances Lincoln, 2024.

Robertson, John. *Is That Cat Dead?: And Other Questions About Poison Plants.* Book Guild Publishing, 2010.

Ross, McKenzie. *Australia's Poisonous Plants, Fungi and Cyanobacteria.* Csiro Publishing, 2012.

Rumack, Barry H., y Spoerke, David G., eds. *Handbook of Mushroom Poisoning: Diagnosis and Treatment.* CRC Press, 1994.

Sanchez, Anita. *In Praise of Poison Ivy: The Secret Virtues, Astonishing History, and Dangerous Lore of the World's Most Hated Plant.* Taylor Trade Publishing, 2016.

Songdahl, Harold, y Leon, Coralee. *The Art of South Florida Gardening: A Unique Guide to Planning, Planting, and Making Your Subtropical Garden Grow.* Pineapple Press, 2007.

Spoerke, David G. Jr., y Smolinske, Susan C. *Toxicity of Houseplants.* CRC Press, 1990.

Tan, Hugh, y Xingli, Giam. *Plant Magic: Auspicious and Inauspicious Plants from Around the World.* Marshall Cavendish, 2009.

The Poison Garden Alnwick: A-Z of Poisonous Plants. The Alnwick Garden, 2005.

Torre, Dan. *Cactus.* Reaktion Books, 2017.

van Wyk, Ben-Erik, y Wink, Michael. Medicinal Plant of the World. CABI, 2017.

Phytomedicines, *Herbal Drugs and Poisons.* University of Chicago Press, 2015.

Vickery, Roy. *Vickery's Folk Flora: An A-Z of the Folklore and Uses of British and Irish Plants.* Weidenfeld & Nicholson, 2019.

Wexler, Philip, ed. *Toxicology in Antiquity.* Academic Press, 2018.

Willes, Margaret. *The Domestic Herbal: Plants for the Home in the Seventeenth Century.* The Bodleian Library, 2020.

CRÉDITOS DE LAS IMÁGENES

Los editores quisieran dar las gracias a las siguientes personas y entidades por ceder las imágenes que aparecen en este libro:

AGRADECIMIENTOS DE LA AUTORA

Gracias infinitas a todas las personas que me han ensenado los secretos de la horticultura, la botánica y la recolección de plantas. Me han ayudado a entender que, por mucho que sepas de plantas, siempre queda algo por descubrir.

Mi familia, Rick, Ellen y Fred, merecen una medalla por aguantar durante la cena mis divagaciones sobre los ungüentos voladores de las brujas y sobre si la mandrágora brilla de verdad por la noche. Se las ingeniaron para no dormirse… por los pelos.

Gracias a Emily Arbis, de Quercus, y a Philippa Wilkinson por poner mi texto a punto, y a Alice Smith por traducir mis palabras en increíbles ilustraciones. Gracias también al doctor Scott Zona por su ayuda y al personal de la RHS Lindley Library por abastecerme de nuevo material de investigación. Y, finalmente, al compañero peludo de mi familia en la última década, el lurcher Wolfie, que murió cuando escribía este libro pero me dio los mejores arrumacos del mundo hasta el último día. Te echaremos de menos, Wolfie.

AUTORES

Jane Perrone es experta en plantas, periodista especializada en jardinería y autora de *Legends of the Leaf*. Forma parte del grupo de expertos de la real sociedad de horticultura británica, y está especializada en plantas ornamentales perennes.

Sarah E. Edwards es etnobotánica. Ha trabajado muchos años en los jardines botánicos de Kew y actualmente es profesora en la Universidad de Oxford. También es la catalogadora de plantas del jardín botánico y el arboreto de Oxford.

Título original: *Atlas of Deadly Plants*

© 2026 Librero b.v. (edición española)
Hambakenwetering 8B
5231 DC 's-Hertogenbosch
Países Bajos
www.librero.nl

Publicado originalmente en 2025, en Gran Bretaña, por Greenfinch, un sello editorial de Quercus Editions Ltd, empresa de Hachette UK. Edición publicada con permiso de Quercus Editions Ltd.

Copyright © del texto Jane Perrone 2025
Copyright © de las ilustraciones Alice Smith 2025

Diseño de Extract Studio

Se identifica a Jane Perrone como la autora de la obra.

Producción de la edición española:
Traducción: Carme Franch Ribes para Delivering iBooks & Design
Redacción y maquetación: Delivering iBooks & Design, Barcelona

Distribución exclusiva de la edición española:
Librero IBP S. L.
C/ Paseo de los Olmos, n.º 20
Planta 1.ª, oficina 7
28005 Madrid, España
www.librero-ibp.es

Printed in Shenzhen, China SDP012026
ISBN: 978-94-6499-232-8